コンピュータビジョン最前線

CV Autumn 2023

Contents

JN047000

コンピュータビジョン最前線

CV

Autumn 2023

バーチャルヒューマン

共立出版

コンピュータビジョン28年の旅

■青木義満

　コンピュータビジョンの研究を始めてから今年で28年，大学で研究室をもってから20年になる。その間，この分野におけるさまざまな技術の進化を，大学教員という立場で，多くの学生とともに見てきた。

　最初に私が取り組んだのは，顔検出と顔器官の認識に関する技術であった（1996年頃）。比較的大きなプロジェクトで，複数の大学研究室が参加し，データセットを共有しながらそれぞれのチームが得意なアプローチを用いて顔認識手法を開発し，最終的にそれらをライブラリとして統合する，というようなものであった。当時，国内で最先端をいく研究室が集って，特色のある手法で面白い結果が得られていたが，ハンドクラフトな特徴抽出とルールベースの判定処理によるものであったため，撮影条件や人の多様性に頑健に対応することが難しく，都度パラメータの調整を苦労して行っていたのを記憶している。

　この当時は，インターネットがようやく研究者レベルで普及し始めた段階であり，技術調査などは，定期的に大学図書館で主要な論文誌をチェックしたり，関連する学会研究会などのイベントに現地参加したりして行うアナログ的な方法が通例であった（というか，ほかに方法がなかった）。今に比べると，技術の進歩はなだらかであり，少しずつ積み上げる形で進化を続けていた。

　それでもやはり，興奮するような画期的なイノベーションはたびたび起こっていた。たとえば，顔検出に関する2001年のViola-jones手法[1]は，大量の顔画像を用いたシンプルな画像局所特徴量とBoosting識別器に基づくもので，顔検出の頑健性，実用性を飛躍的に高めたことで注目を集めた。この頃には，インターネットは当たり前のように情報収集や画像データ収集に活用されており，研究者に求められる情報収集の質と量もかなり変わってきていた。私の研究室でも，この当時は新しい画像特徴量と識別器を見出そうと，さまざまな画像認識のタスクに取り組んでいた。

　2010年頃から，航空・衛星画像からの建物検出の課題に取り組み，さまざまな画像特徴量を用いたハンドクラフトな画像処理と機械学習手法の組み合わせで何とかしようとしていたが，数年かけても影や天候による見えの変化に頑健

[1] P. Viola, M. Jones: "Rapid object detection using a boosted cascade of simple features", *CVPR2001*.

に対応することができていなかった。その頃，国外では着々と深層学習の画像認識タスクへの適用が検討されており，ちょうど米国留学中の博士学生とともに，研究室内では初めて深層学習の勉強を始めた。2014 年の初め頃，その学生から CNN を用いた建物検出結果の画像が送られてきた。その結果は驚くべきもので，さまざまな状況下において建物らしい領域を捉えることに，見事に成功していた[2]。時差があることも忘れ，オンラインミーティングを始めてしまったくらい興奮した出来事であった。その後の深層学習と CV 分野の飛躍的発展の状況は説明するまでもなく，2023 年現在，基盤モデル，生成型 AI などに繋がっている。

[2] S. Saito, T. Yamashita, Y. Aoki: "Multiple objects extraction from aerial imagery with convolutional neural networks", *Journal of Imaging Science and Technology*, Vol. 60, No. 1, 2016.

　私の研究歴と CV 分野の技術変遷を簡単に振り返ってみたが，最も変わったのは，研究者に求められる情報収集能力であろう。いまや技術の進展速度は凄まじく，SNS 上では日々さまざまな情報が行き交っている。そんな中，素早くトレンドを押さえながら，新たな課題を設定して，新規性のある手法を探っていく能力が求められる。やるべきことは以前と何も変わらないが，求められるスピードが桁違いである。何とも大変な時代になったものである。技術進化と情報展開のスピードが以前とは比較にならないため，より効率的に良質な情報ソースを見つけ，活用していくことが求められるが，一人でできることは限られている。

　そんな中，国内では，学会などの形式にとらわれない cvpaper.challenge や CV 勉強会といった，特色のある取り組みが注目を集めている。cvpaper challenge conference というシンポジウムでは，毎回 1,000 名近い参加者が産官学から集い，活発な議論が行われている。国内の研究者（特に若い世代）が主体的に立ち上げたこれらの活動が，現在 CV 研究における情報収集活動を支える基盤となっていることは，私の世代から見ても大変心強いと感じているし，自らを鼓舞する刺激にもなっている。

　一方，研究に関連する書籍に求められるものも大きく変化してきている。もちろん，長年活用される定番の教科書的なものは重要であるが，正確な最先端の情報を，専門知識豊富な執筆陣がタイムリーに提供する本書のような書籍は，とても今の時代にマッチしたものであると感じている。

　今回の『コンピュータビジョン最前線』も，学術的にも産業応用としても非常に興味深いトピックが並んでいる。「イマドキノ バーチャルヒューマン —— XR 技術を用いた人間の体の捉え方」を Max Planck Institute for Informatics の朱田浩康氏，「フカヨミ オープンワールド物体検出 —— 未知クラスオブジェクトを検出！」を Boston University の齋藤邦章氏，「フカヨミ マルチフレーム超解像 —— 生成にたよらない超解像の進化を追跡！」を Uchr Technology の前

田舜太氏，「フカヨミ 深層単画像カメラ校正——どんな画像も歪みと傾きを一発補正！」をパナソニックホールディングス株式会社の若井信彦氏，「ニュウモン AutoML——人間は不要？ 深層学習の開発を自動化！」を東北大学の菅沼雅徳氏に，それぞれご執筆いただいた。どれも長い間 CV 分野で研究課題として扱われてきたトピックであるが，新たな時代の潮流を感じさせる興味深いアプローチが紹介されているので，是非楽しんでいただきたい。

　私事ではあるが，大学教員としてあと 15 年の余生が残されている。基盤モデルの登場により，CV 分野にも新たな大きな波が押し寄せている。そんな中，本シリーズは，若い学生たちとともに楽しく航海を続けていくための心強い羅針盤となっている。

あおき よしみつ（慶應義塾大学）

イマドキノ バーチャルヒューマン
XR技術を用いた人間の体の捉え方

■朱田浩康

1 はじめに

　皆さんは XR（cross reality; クロスリアリティ）技術をご存知でしょうか。XR とは，AR（augmented reality; 拡張現実），VR（virtual reality; 仮想現実），および MR（mixed reality; 複合現実）の総称であり，現実世界と仮想世界を融合して新しい体験を提供することで，ビジネス，医療，教育，エンターテインメントなど，さまざまな分野に大きな影響を与えることが期待されています。たとえば，仮想世界でのシミュレーションを行うことで，医師がより容易に医療技術を習得することが可能になると考えられます。特に，手術のような高度な医療は通常病院内で行われ，医師は手術室にいる必要があります。しかし，そのような現実世界の場所の制約に縛られることなく，デジタル化された手足を動かすことで医療行為を経験できれば，若手医師の育成に繋がるでしょう。このほかにも，エンターテインメントの分野では，バーチャルアイドルを用いたライブ配信ができるようになります。これにより，配信者のプライバシーを守りつつ，世界中のファンと交流できるようになるのではないでしょうか。

　このように大きな注目が集まる XR 分野では，多くの研究開発が行われていますが，その中でも人間の身体をデータ化するバーチャルヒューマン技術の研究は欠かせません。なぜならば，仮想世界のアプリケーションでは，仮想環境と人間のインタラクションを考慮することが必要不可欠であり，そのためには人間の身体情報を正確に捉える必要があるからです。先ほど述べた医療分野の例を考えると，仮想世界上で医療器具をつかむ動作を実現するためには，現実世界における医師の腕の3次元的な位置や動きを正確に把握する必要があるでしょう。

　このような理由から，コンピュータビジョン分野におけるバーチャルヒューマンの研究では，主にカメラなどのセンサーから得られた画像などの情報に対し，AI・深層学習の技術を用いて，人間の人体構造や身体形状[1] を認識・理解することに主眼が置かれています。一方で，研究の進展に歩調を合わせるよう

1) 身体形状の表現方法の例として，メッシュやニューラル場を用いた研究を，3節以降で解説します。

に，センサー情報を取得するためのデバイスも，人間の普段の生活に溶け込めるような簡便なものへと進化しており，XR 技術の幅広い応用先に対応できるようになってきています。特に最近では，スマートウォッチやスマートグラスなどのウェアラブルデバイスの開発が著しく進んでいます。このようなデバイスに搭載されたセンサーを用いることで，より多彩なデータを収集できるようになり，バーチャルヒューマン技術のさらなる発展が可能になります。

本稿の構成

　本稿は「イマドキノ バーチャルヒューマン」と題して，XR 分野におけるバーチャルヒューマン技術の最近の研究動向を紹介します。

　まず 2 節では，コンピュータビジョン分野における代表的な研究トピックの 1 つとして，三人称視点画像から人間の 2 次元姿勢を推定する問題について解説します。三人称視点画像とは，外部環境に設置されたカメラで被写体となる人間[2]を撮影した 2 次元画像のことです（図 1 (a)）。この節では，現在の主流である深層学習ベースの研究の流れについて解説します。

　その後 3 節においては，姿勢推定問題を 3 次元へ拡張し，人間独特の人体構造の捉え方について理解を深めます。また 4 節では，人間の 3 次元姿勢だけではなく，形状も含めて推定する代表的な手法について紹介します。

　5 節では，一人称視点画像から人体の 3 次元構造を認識する研究課題について解説します。一人称視点画像とは，ユーザーが装着したウェアラブルデバイスを用いてユーザー自身を捉えた画像のことであり，デバイスの種類によってさまざまな特徴をもつ一人称視点画像が取得できます（図 1 (b)）。この節では，ウェアラブルデバイスから取得できる一人称画像と代表的な姿勢推定手法について紹介します。

[2] 通常は全身。

(a) 三人称視点画像

(b) 一人称視点画像

図 1　三人称視点画像と一人称視点画像の例（文献 [1, 2] より引用）。三人称視点画像の例では，外部環境に設置されたカメラを用いて被写体を撮影しています。一人称視点画像の例では，ユーザーが装着したヘッドマウントディスプレイ上の魚眼カメラを用いて，ユーザー自身を撮影しています。

そして最後に，バーチャルヒューマン技術の研究開発における今後の見通しに触れながら本稿をまとめたいと思います。

2 三人称視点画像を用いた2次元姿勢推定

コンピュータビジョン分野における最もポピュラーな研究タスクの1つとして，三人称視点画像を用いた2次元姿勢推定問題が挙げられます。三人称視点画像に写った人間の2次元関節位置を推定することが研究目標となります。このような画像から人間の動作を読み取る研究は，バーチャルヒューマン技術の土台となることも多く，VRゲームにおける人間の行動検知のように幅広い応用例が挙げられます。

さて，2次元姿勢推定問題に対する最近の研究では，高精度な推論を可能にした深層学習ベースの手法が主流となっています。この節では，深層学習ベースの姿勢推定手法をグループ分けし，これまでの研究の流れを見ていきます。

2.1 直接回帰する手法 vs. ヒートマップに基づく推定手法

現在提案されている深層学習ベースの手法は，大きく2つのグループに分類されます[3]（図2）。1つ目は，人間を含む2次元画像から個々の関節の2次元座標位置を直接回帰して求める手法（regression method）です。2つ目は，人間を含む2次元画像の各ピクセルにおいて，各関節のおおよその位置を2次元ヒートマップの形式で求め，その予測結果から個々の関節の2次元座標位置を推定する2段階の手法です（body part detection method）。深層学習を用いた2次元姿勢推定の初期の研究では，主に直接回帰の手法が提案され，関節の2次元座標を教師データに用いた学習を行っていました。しかし，ヒートマップ形式のデータでは関節位置の空間的情報を保つことが可能であり，モデル学習の際により多くの情報を教師データとして与えることができるといわれています。このような理由から，現在の研究ではヒートマップを介した姿勢推定が主流となっています。

> [3] 厳密に述べると，これらの手法は推定対象を複数人とするか1人の人間とするかで，さらに場合分けできますが，本稿では1人の人間を推定対象とする手法に着目します。

2.2 2次元姿勢を直接回帰する手法

三人称視点画像から2次元関節位置を直接回帰する研究の中でも，深層学習を最初に導入した手法として，DeepPose [4] が知られています。DeepPose では，畳み込み層（CNN）と全結合層（FC）を複数段に重ねてネットワーク[4]を構成します。その後の研究では，モデルの姿勢推定結果を利用して反復的に推定を行い精度を向上させた IEF [6] や，Softmax 関数を利用してモデルの特徴マップを関節位置に変換させるアプローチ [7]，マルチタスク学習の枠組みで姿勢推定

> [4] ネットワークのバックボーンとしては，2012年頃から始まった AI ブームの火つけ役でもある AlexNet [5] を用いています。

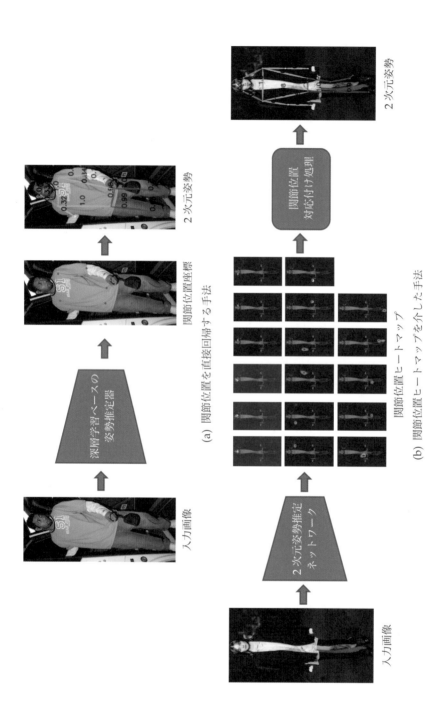

入力画像 → 深層学習ベースの姿勢推定器 → 関節位置座標 → 2次元姿勢

(a) 関節位置を直接回帰する手法

入力画像 → 2次元姿勢推定ネットワーク → 関節位置ヒートマップ → 関節位置対応付け処理 → 2次元姿勢

(b) 関節位置ヒートマップを介した手法

図2 三人称視点画像を用いた人物の2次元姿勢推定フレームワークの種類（文献[3]より引用し翻訳）。2次元姿勢推定の手法は、入力画像から関節位置を直接回帰する手法（regression method）と、大まかな関節位置を示すヒートマップを介した2段階の手法（body part detection method）にグループ分けできます。

問題を解く手法 [8, 9, 10] などが提案されています。また最近では，自然言語処理やコンピュータビジョン分野の他のタスクで注目を集めた Transformer [11] [5] を用いる手法 [12, 13] も提案されています。

2.3 関節位置ヒートマップを介した姿勢推定手法

三人称視点画像から大まかな関節位置を示すヒートマップを用いた手法は，現在の研究における主流となっています。このヒートマップの各ピクセルの値は，関節がその位置にある確率を示しており，最も値が高いピクセルを読み取ることで関節位置を求めます。また，教師データとなるヒートマップは，真値の関節位置を中心に 2 次元正規分布を作成することで得られます。

さて，ヒートマップを介した手法は，現在までに非常に多く提案されています。たとえば，姿勢推定に適した CNN に基づくネットワーク構造の提案を行う研究 [14]〜[25] や人体構造の情報を考慮した手法 [26]〜[30]，そしてビデオに含まれる時系列情報により精度向上を目指した手法 [31]〜[33] などがあります。このほかにも，生成モデルの一種である敵対的生成ネットワーク（GAN）[34] を用いて物理的にもっともらしい姿勢を生成する試み [35] や，GAN を用いた姿勢データの拡張 [36] も非常に面白い研究です。さらに，Transformer の活用 [37] も見られます。

このように 2 次元姿勢推定の問題設定においてはさまざまな研究が行われており，現時点で姿勢推定の精度は非常に高い [6] といえます。このような背景もあり，この分野における研究の主眼は，2 次元姿勢推定問題よりも難易度の高い 3 次元姿勢の推定へとしだいに変化してきています。

3 三人称視点画像を用いた 3 次元姿勢推定

三人称視点画像を用いた 3 次元姿勢推定問題（図 3）は，現在のコンピュータビジョン分野における主要な研究タスクの 1 つです。このような技術は，自分と同じ動作をバーチャルキャラクターで再現したり，スポーツで動作解析を行うなど，その応用分野は多岐にわたります。しかし，三人称視点画像は奥行き情報がない 2 次元データであり，2 次元情報のみから人間の 3 次元姿勢を推定する必要があるため，この研究タスクは不良設定問題として知られています。この節では，代表的な研究について紹介していきます。

3.1 直接回帰する手法 vs. 2 次元姿勢推定を介した手法

三人称視点画像から 3 次元姿勢を推定する研究は，大きく 2 つにグループ分けできます。1 つ目のグループは，2 次元姿勢推定問題における関節位置の直

[5] Transformer は，画像認識や深度推定のようなコンピュータビジョンの幅広い問題設定において使われています。より詳しくは，元論文 [11] やインターネット上での解説記事（たとえば https://qiita.com/omiita/items/07e69aef6c156d23c538）を参考にしてください。

[6] ベンチマークデータによる最新手法の精度を確認したい場合は，Papers With Code (https://paperswithcode.com/sota) を参照することをおすすめします。

図3　三人称視点画像を用いた3次元姿勢推定（文献 [38] より改変して引用）

接回帰と同様に，各関節の3次元座標位置を回帰により求める手法です。これらの手法には，一般的にモデルがシンプルになるというメリットがありますが，学習には大量の3次元データを必要とします。

　2つ目のグループは，最初に画像入力に対して2次元関節位置推定を行い，その推定結果から各関節の3次元座標位置を推定する2段階の手法です。こちらの手法では，それぞれのステップにおいて異なるモデルを学習する必要がありますが，現時点で精度が非常に高いことが示されています。この主な理由は，2次元関節位置推定を行うモデルの学習に必要な2次元データは，3次元データに比べて入手しやすく，2次元関節位置推定モデルの精度を高めることが容易であり，これにより3次元姿勢も高精度に推定することが可能となるからです。

3.2　3次元姿勢を直接回帰する手法

　画像から3次元姿勢を直接回帰する深層学習ベースの手法が注目を集めたきっかけの1つに，Tekin らの研究 [39] が挙げられます。この研究では，体の中心を原点とした3次元座標系上（root-relative）[7] での関節位置を，オートエンコーダを利用したシンプルなフレームワークにより推定します。

オートエンコーダ構造を活用した3次元姿勢推定

　図4に示すように，提案モデルは3つの学習ステップにより推論モデルを獲得します。まず，ガウシアンノイズが付与された3次元姿勢を入力に用いて，ノイズが除去された3次元姿勢を復元するようにオートエンコーダの学習を行います（図4 (a)）。ここで，3次元姿勢の潜在空間表現をオートエンコーダ上で獲得します。その後，畳み込み層（CNN）と全結合層（FC）からなるネット

[7] 問題設定に応じて，体の中心を原点とする座標系（root-relative）や，カメラを原点とする座標系（camera-relative）などの3次元座標が使われています。

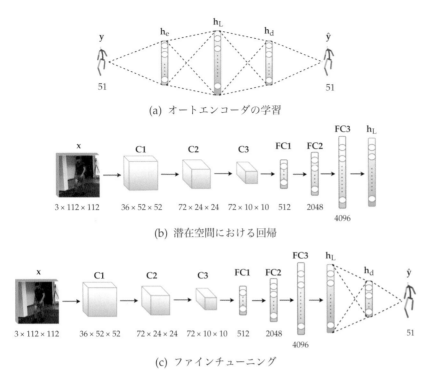

(a) オートエンコーダの学習

(b) 潜在空間における回帰

(c) ファインチューニング

図4　Tekin ら [39] により提案された深層学習を用いた3次元姿勢推定フレームワーク（文献 [39] より引用し翻訳）。3つの学習ステップにより推論モデルを獲得します。

ワーク構造を用いて，入力画像から3次元姿勢の潜在空間表現を推定するように学習を行います（図4 (b)）。最後のステップとして，前の段階で学習を行ったモデルに，オートエンコーダのデコーダを統合し，3次元姿勢の真値を用いてファインチューニングを行います（図4 (c)）。この学習手順により，3次元座標系における関節位置を推定するモデルを獲得します。

　Tekin ら [39] により提案されたこの手法は，当時の既存手法を上回る性能を達成しました。しかし，先ほども述べたとおり，学習に必要な3次元データを取得することは容易ではありません。そのため，これ以降の研究では，取得が比較的容易な2次元データにより2次元関節位置推定を先に行い，その2次元関節位置から3次元位置を推定するアプローチが主流となりました。

3.3　2次元姿勢推定を介した3次元姿勢推定手法

　高精度に3次元姿勢を推定できる既存の研究の多くは，2次元関節位置推定を介した2段階の手法を採用しています。これらの研究では，1つ目のステップに当たる2次元関節位置推定において，2節で紹介した既存手法を用いるのが

一般的です。そのため，2 次元関節位置推定を介した研究 [40]〜[47] の多くは，2 つ目のステップにおいて 2 次元姿勢から 3 次元姿勢を推定するために開発した新しいモジュール（2D-to-3D Lifting）が主な新規性となっています。また，最新の研究では，2 次元姿勢の時系列データを処理する Transformer[8] ベースのモデルが多く提案されています。ここでは，その代表的な手法の 1 つである PoseFormer [40] を紹介します。

Transformer を用いた 2D-to-3D Lifting モジュール

図 5 は，PoseFormer [40] が提案する 2D-to-3D Lifting のモデル[9] を示しています。この Transformer ベースのモデルは，3 つのモジュールによって構成されています。1 つ目のモジュールである空間的 Transformer では，1 つの姿勢を構成する関節位置を Transformer の入力として処理し，その関節どうしの関係を捉えることで特徴量を抽出します。この空間的 Transformer を入力の 2 次元姿勢の時系列シーケンスに適用することで，各姿勢の特徴量を獲得します。

その後，2 つ目のモジュールである時系列的 Transformer では，先に得られた特徴量のシーケンスの 1 つ 1 つを新たに Transformer の入力として処理します。これにより，時系列シーケンスのグローバルな依存関係を捉えることが可能となります。最後に回帰機構モジュールによって，シーケンスの中間データ[10] に対応する 3 次元姿勢を推定します。

このように，Transformer を用いて 2 次元姿勢の時系列データを「個々の姿勢内の関節どうしの関係を捉える機構」と「姿勢の時系列情報を捉える機構」でそれぞれ処理するアプローチは，MixSTE [45] や Einfalt [47] らの手法[11] でも採用されており，2D-to-3D Lifting モデルの研究における現在の主流となっています。

4 　三人称視点画像を用いた 3 次元姿勢および形状の推定

コンピュータビジョン分野においては，人間の 3 次元の姿勢だけではなく，形状を捉える技術の開発も重要なトピックになっています。このような技術は，特に仮想空間上での他ユーザーとのコミュニケーションや物体とのインタラクションを実現する上で欠かせません。そこで，この節では，三人称視点画像から 3 次元姿勢および形状の推定を行う研究について紹介していきます。

4.1 　人体のパラメトリックモデル

物体の 3 次元形状を表現する方法の 1 つとして，事前計算された対象物体のパラメトリックモデルを用いて，そのモデルパラメータを推定することが挙げられます。人体のパラメトリックモデルとしては，SMPL モデル [51] が主に利

8) Transformer における具体的な処理については，https://qiita.com/omiita/items/07e69aef6c156d23c538 の解説記事を参考にしてください。

9) 入力の 2 次元姿勢データに関して，モーションキャプチャデータの Human3.6M [48] を用いた実験では，2 次元姿勢推定手法 CPN [49] による推定結果を利用し，MPI-INF-3DHP [50] を用いた実験では 2 次元姿勢の真値を用いています。

10) PoseFormer では，2 次元姿勢シーケンスの中間データに対して過去と未来の 2 次元姿勢情報を利用し，姿勢推定を行っているといえます。

11) これらの後続研究では，入力シーケンスのすべての 2 次元姿勢に対して姿勢推定を行う学習アプローチを採用し，姿勢推定のさらなる高精度化を図っています。

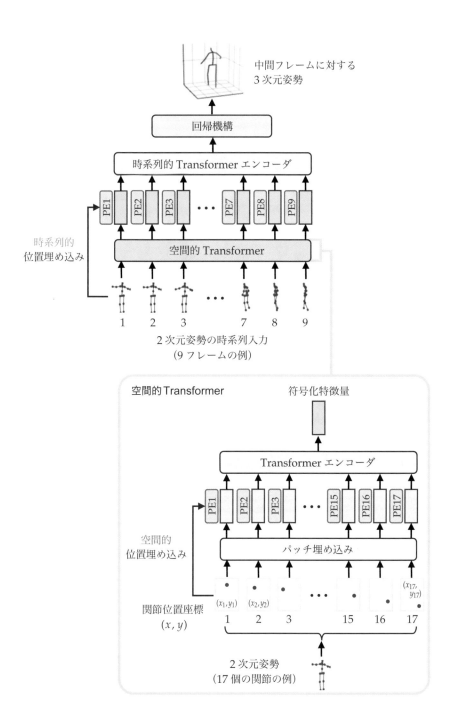

図 5　PoseFormer [40] が提案する 3 次元姿勢推定のための 2D-to-3D Lifting のモデル（文献 [40] より改変して引用）。提案モデルは，1 つの姿勢における関節情報を処理する空間的 Transformer モジュールと，姿勢の時系列情報を処理する時系列的 Transformer モジュール，そして時系列データの中間フレームに対応する 3 次元姿勢を推定する回帰機構モジュールによって構成されます。

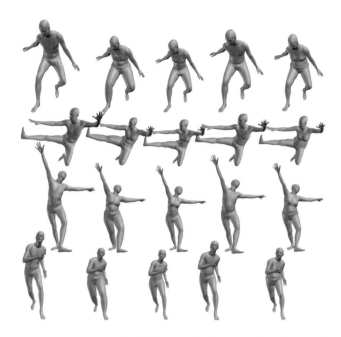

図 6　SMPL モデル [51] の例（文献 [51] より引用）。モデルの左右の変化は形
状ベクトル β，上下の変化は姿勢ベクトル θ によるものです。

12) Blender, Unity, OpenGL
のようなさまざまな既存ツー
ルと互換性を有することが主
な理由です。
13) 形状ベクトルは主成分空間
において 10 次元で表現される
パラメータを有し，姿勢ベク
トルは 23 個の各関節点におけ
る 3 次元回転を表すパラメー
タを有します。

用されています12)。SMPL モデルは，6,890 個の頂点と 23 個の関節点からなる
メッシュで人間の 3 次元形状を表現しており，モデルパラメータ13) である形状
ベクトル $\beta \in \mathbb{R}^{10}$ と姿勢ベクトル $\theta \in \mathbb{R}^{3 \times 23}$ を変化させることで（図 6），任意
の形状および姿勢をもつ人体メッシュを取得できます。

人体のパラメトリックモデルのパラメータ推定

　三人称視点画像から SMPL モデルのパラメータを推定する代表的な手法とし
て，Human Mesh Recovery（HMR）[52] が挙げられます。画像とペアになる
3 次元姿勢の教師データは入手が難しいことから，この手法は，取得が容易な
2 次元関節位置データと一般のモーションキャプチャデータのみを用いた学習
を可能としています。

　図 7 は，HMR が提案する手法の全体像を示しています。まず，推定対象の人
間を捉えた三人称視点画像をエンコーダへ入力し，SMPL モデルのパラメータ
である形状ベクトル β と姿勢ベクトル θ，そしてカメラパラメータ s, R, T を回
帰推定します。この際，推定したモデルパラメータにより作成される SMPL モ
デルから関節位置を取得し，推定したカメラパラメータを用いて元の 2 次元画
像上での投影誤差 L_{reproj} を計算することで，3 次元姿勢およびカメラパラメー
タの真値を必要とせずに学習を行うことが可能となります。さらに，GAN [34]

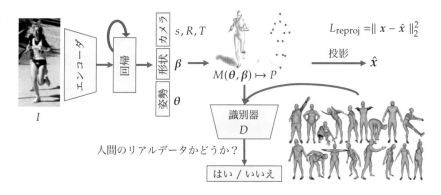

図7　HMR [52] が提案する人間の 3 次元姿勢および形状推定のためのフレームワーク（文献 [52] より引用し翻訳）。まず，入力画像から SMPL モデルのパラメータを推定します。次に，手法の学習の際には，推定結果の 2 次元画像上での投影誤差と GAN [34] に基づいたフレームワークを採用しています。

のフレームワークを採用し，推定結果の SMPL モデルがより自然な人体形状となるように制約を与え，推定精度の向上を目指します。より具体的には，SMPLモデルの推定パラメータ（リアルデータ）と大規模モーションキャプチャデータの AMASS [53] により作成されるパラメータ（フェイクデータ）との判別を識別モデル（discriminator）が行い，それらの区別ができなくなるように SMPLモデルのパラメータの推定の質を上げていきます。

　SMPL モデルを用いた手法はほかにも多数提案されており，HMR の時系列データへの拡張 [54, 55]，オクルージョン[14] にロバストな手法 [56]，最適化計算の導入 [57]，そして Transformer による精度向上 [58] など，さまざまな研究が行われています。また，SMPL モデル自体も進化しており，手 [59] や顔 [60]のモデルパラメータの追加，そして姿勢に依存したメッシュの変形 [61] が考慮されることで，より多彩な人体表現を行えるようになっています。

[14] 手前にある物体が奥にある物体の一部もしくは全体を隠している状態を表します。

4.2　陰関数表現を用いた詳細な 3 次元形状の復元

　前項で述べた人体のパラメトリックモデルは事前計算されており，それにモデルパラメータさえ与えれば 3 次元形状を得ることができるため，非常に使い勝手に優れています。しかし，人体のパラメトリックモデルを用いた場合，衣服などの人体に付随する物体を考慮した 3 次元復元は困難です。このため，パラメトリックモデルを用いず，3 次元視点画像から人物の 3 次元形状を直接復元する研究も盛んに行われています。ここでは，陰関数表現と呼ばれる 3 次元形状表現の方法を簡単に導入し，陰関数表現に基いて三人称視点画像から詳細な人体メッシュを復元する代表的な手法である PIFu [62] を紹介します。

陰関数による 3 次元物体表現

まず陰関数表現について簡単に説明します。陰関数表現では，3 次元座標における物体の表面が式 (1) で定義できる関数 f [15] の等位集合で表現されます [63]。

$$f(x, y, z) = 0 \tag{1}$$

解像度が高いときのメモリ容量に課題があるボクセルなどの 3 次元物体表現に比べて，陰関数はより少ないパラメータで物体を表現可能である点がメリットです。また，今までは複雑な形状を陰関数でモデリングすることは困難でしたが [16]，ニューラルネットワークの登場により，3 次元データから複雑な形状を表す陰関数表現を獲得できるようになり，深層学習を用いた 3 次元物体表現の研究において注目が集まっています。

陰関数表現による人物の 3 次元メッシュ復元手法

さて，PIFu [62] は，陰関数表現を用いることで，多くのメモリ容量を必要とせず高精度に人体の 3 次元形状を復元できる手法を提案しました。PIFu では，まず式 (2) で表される陰関数によって得られる等値集合（$s \in \mathbb{R}$）を考慮することで，物体の表面を定義します。

$$f(F(x), z(X)) = s : s \in \mathbb{R} \tag{2}$$

X は 3 次元点，x は 3 次元点 X を 2 次元画像上へ投影した際の座標，$F(x)$ は 2 次元点 x における画像の特徴量，そして $z(X)$ はカメラ座標系における 3 次元点 X までの深度距離を表しています。

この陰関数表現を前提に，PIFu は人体のメッシュを復元するフレームワーク（図 8）を提案しました。このフレームワークでは，エンコーダによって得た画像の特徴量を用いて，空間上の 3 次元点が人物の内部か外部にあるかを推定することで，形状表面を特定し，メッシュの復元を行います。この際，人体メッシュの表面の真値（教師データ）としては，その空間上の各点がメッシュの内部に含まれるかを表す占有率場（occupancy field）を用います（式 (3)）[17]。

$$f_v^*(X) = \begin{cases} 1, & X \text{ がメッシュの内部に含まれる場合} \\ 0, & \text{その他の場合} \end{cases} \tag{3}$$

この真値と，フレームワーク内で画像特徴量から推定した占有率場の平均 2 乗誤差を計算することで，学習を行います。

$$\mathcal{L}_V = \frac{1}{n} \sum_{i=1}^{n} \left| f_v(F_V(x_i), z(X_i)) - f_v^*(X_i) \right|^2 \tag{4}$$

15) f の具体例として，$x^2 + y^2 + z^2 - 1 = 0$ という陰関数表現の方程式では，3 次元座標における半径 1 の球体を表します。

16) たとえば，球体のようなシンプルな形状をもつ物体とは異なり，人間のような物体は非常に複雑な形状をもつため，それに対応する陰関数表現の方程式も非常に複雑になると予想できます。

17) 推論時には，0.5 と推定された座標の集合が物体の表面となります。

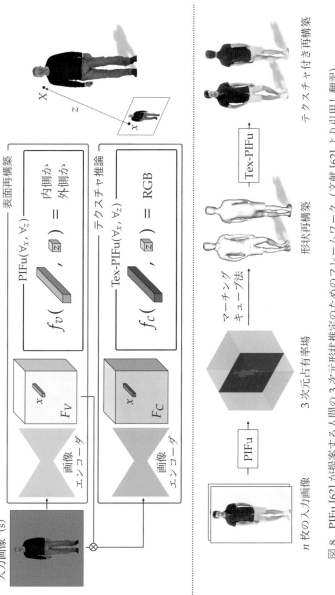

図 8　PIFu [62] が提案する人間の 3 次元形状推定のためのフレームワーク（文献 [62] より引用し翻訳）

n は 3 次元空間上でのサンプル数，x は 3 次元点 X を 2 次元画像上へ投影した際の座標，$F_V(x)$ は 2 次元点 x における画像の特徴量，$z(X)$ はカメラ座標系における 3 次元点 X までの深度距離を表しています。推論時には，三人称視点画像から推定した 3 次元占有率をもとにマーチングキューブ法（marching cubes）[64] を適用することで，詳細な 3 次元形状の再構築を行います。なお，PIFu では，表面形状の再構築における学習方法を拡張することで，表面テクスチャも同時に復元することが可能です。

図 9 に示すように，PIFu により衣服などの物体を含めた人体の形状を高精度に 3 次元復元することが可能になりました。このように簡便に三人称視点画像から人物の 3 次元形状を取得できる技術は，今後 XR 技術が一般に普及する際に欠かせないものになるでしょう。また，PIFu に対して，複数解像度の画像特徴量を用いることで復元精度を高めた PIFuHD [65] や，リアルタイムに復元を行う Li らの手法 [66] のように，その派生手法もすでに多数提案されており，今後の発展が非常に楽しみな技術になっています。

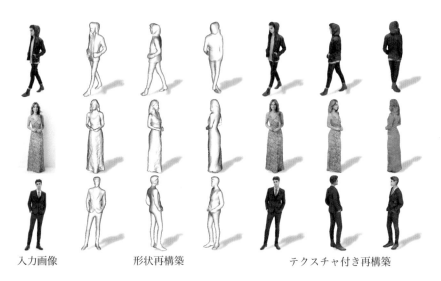

入力画像　　　　　　　　形状再構築　　　　　　　　テクスチャ付き再構築

図 9　PIFu [62] による人体の 3 次元メッシュ復元の例（文献 [62] より引用）

4.3　NeRF を用いた人間の 3 次元形状表現の獲得

バーチャルヒューマンの分野における最近の研究では，NeRF [67] を用いた人物の 3 次元表現も一大テーマとなっています。NeRF は Neural Radiance Fields の略であり，ある視点から 3 次元シーンを見た際の各座標における物体の存在と色をモデル化することで，高精度な 3 次元表現を獲得できます。また，NeRF は対象物体の 3 次元教師データを必要とせず，複数視点の画像入力のみで学習

が可能であることから，注目度の高い技術の 1 つになっています。

NeRF を活用して人間の 3 次元表現を獲得する研究は非常に多く行われており，HumanNeRF [68] や Vid2Actor [69] が提案されています。また，アバターの任意の 3 次元姿勢を入力とし，ユーザーがコントロール可能なアバターを生成するニューラルレンダリング手法の Neural Actor [70] も提案されています。ここでは，まず NeRF について簡単に導入し，人体と背景をともに NeRF でモデル化する最新の研究である NeuMan [71] について解説します。

NeRF による 3 次元物体表現

NeRF では，表現を獲得したい対象物体を含むシーンにおいて 3 次元座標 $\mathbf{x}$ とカメラの視点方向 $\mathbf{d}$ [18] が与えられたとき，パラメータ Θ をもつ NeRF のネットワーク F_Θ は，RGB カラー $\mathbf{c}$ と体積密度 σ [19] を出力してシーンを表現します。

$$\mathbf{c}, \sigma = F_\Theta(\mathbf{x}, \mathbf{d}) \tag{5}$$

新規視点からの画像を生成する際には，ボリュームレンダリング法 [72] を用います。まず，視点方向 $\mathbf{d}$ をもつカメラ光線 $\mathbf{r}$ を N 個の区間（サンプリング点）に分割し，それらを積分（区分求積法）することで，画像における各ピクセルのカラー $\mathbf{C}(\mathbf{r})$ を推定します。

$$\mathbf{C}(\mathbf{r}) = \sum_{i=1}^{N} \exp\left(-\sum_{j=1}^{i-1} \sigma_j \delta_j\right) (1 - \exp(-\sigma_i \delta_i)) \mathbf{c}_i \tag{6}$$

ただし，δ_i は光線上のサンプリング点の中で近接する 2 点の距離を表し，各ピクセルの透明度を表すアルファ値 α は式 (7) で表されます [20]。

$$\alpha(\mathbf{r}) = \sum_{i=1}^{N} \exp\left(-\sum_{j=1}^{i-1} \sigma_j \delta_j\right) (1 - \exp(-\sigma_i \delta_i)) \tag{7}$$

NeRF を用いた人物と背景のニューラルレンダリング

NeuMan は NeRF を用いることで，新規の人間の姿勢および新規の視点に対して人物と背景シーンを再構築するニューラルレンダリングフレームワークを提案しました。この提案フレームワークは，2 つの NeRF（シーン NeRF モデルと人間 NeRF モデル）によって構成されており（図 10），これらのモデルは個別に学習が行われます。

シーン NeRF モデルは，その名のとおり背景シーンの 3 次元表現を獲得するモデルです。このモデルの学習の際には，動画入力に対して，Mask R-CNN [73] を用いて画像ごとに人物を切り取り，背景として認識されるピクセルのみを学習

[18] NeRF 系の論文では明確に述べていないものもありますが，多くの場合，$\mathbf{d}$ は極座標系における角度 (θ, ϕ) を表しています。

[19] 体積密度 σ は少々解釈が難しいですが，視点方向 $\mathbf{d}$ をもつカメラ光線を考えたとき，与えられた 3 次元座標の位置でその光線が止まる確率を表す微分可能な関数と見なせます。

[20] NeRF におけるより詳細な数式の導出の参考として，元論文 [67] や https://www.ibis.ne.jp/blog/20221117-nerf/ の解説記事をおすすめします。

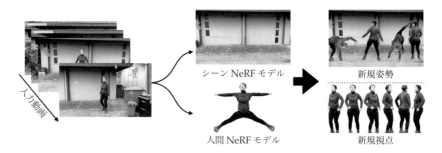

図 10　NeuMan [71] が提案する人体と背景のニューラルレンダリングフレーム
ワークの概略（文献 [71] より引用し翻訳）。提案フレームワークはシーン NeRF
モデルと人間 NeRF モデルで構成されています。

に用います。また，動画に対して COLMAP [74, 75] を適用することで，NeRF
の学習に必要な深度距離を取得します。

　人間 NeRF モデルは，動画内の人物の 3 次元表現を獲得するモデルです。こ
のモデルから任意の姿勢をもつ人物を生成するためには，生成される姿勢が動
画内の人間の姿勢に依存しないようにモデルを学習させる必要があります。そ
のため，まず Mask R-CNN [73] を用いて抽出した人物のピクセルから SMPL
モデルを構築し，これを正規化空間上で大の字の姿勢[21] に変形します。この際，
カメラ光線も適切に歪ませることで，正規化空間上の人間の姿勢と整合性を保
つようにします。そして，正規化空間上の 3 次元点と視点方向を入力とする人
間 NeRF モデルを学習します。最後に，これら 2 つの NeRF モデルの出力[22] を
統合することで，フレームワークの最終的な出力となる画像のレンダリングを
行います。

　NeuMan は PSNR や SSIM などの定量的評価指標において，既存手法より
精度が高いことが示されており，人物および背景のニューラルレンダリングタ
スクにおける最先端の手法といえます。しかし，NeuMan では対象人物のダイ
ナミクスを考慮することが難しく，動画内で発生する手の動きや衣服の形状変
化により，SMPL モデルによる人物の表現が困難になるなど，課題があります。
そのため，今後の研究においては，このような課題を解決できる手法の提案が
期待されます。

5　一人称視点画像を用いた 3 次元姿勢の推定

　これまでは，外部環境に設置されたカメラを用いて被写体となる人間を撮影
して取得した三人称視点画像から人体の 3 次元表現を獲得する研究を紹介して
きました。しかし，この環境では，設置したカメラの撮影範囲内で観測できる

[21] 元論文 [71] では，Da-pose
（"Da" は "大" の意）と呼ばれ
ています。

[22] 出力は，前述した RGB カ
ラーと体積密度です。

図 11　VR ヘッドセットの装着例と一人称視点の例（文献 [76] より改変して引用）

行動しか捉えることができません。

　この課題を解決するために，近年は一人称視点画像から人間の 3 次元身体表現を獲得する研究に注目が集まっています。一人称視点画像とは，カメラが搭載されたウェアラブルデバイスをユーザーが用いた際に得られる画像を指します。ウェアラブルデバイスの例としては，VR ゴーグルやスマートグラス[23]などが挙げられ，これらは XR 技術にとっては欠かすことのできないアイテムとなっています（図 11）。このような一人称視点画像を取得できるカメラ付きデバイスを用いることで，ユーザーはより広範囲で行動することが可能になります。

　しかし，一人称視点画像から人間の 3 次元身体表現を獲得することは，非常に難しい問題であると考えられています。この主な理由として，カメラの視野角やデバイスの装着場所の限界により，ユーザーの全身が画像に写らない状況がしばしば発生するからです。また，視野角を確保するために魚眼カメラが用いられることも多く，魚眼カメラで取得した画像には強い歪みが生じてしまうことも問題として挙げられます[24]。さらに，身体の一部が写っていた場合に生じる，腕などの上半身の一部が脚などの下半身の一部に重なってしまうセルフオクルージョンも，非常に難しい研究課題となっています。このような課題を考慮しつつ，一人称視点画像から人間の姿勢や身体形状を推定する手法[25]が近年提案され始めています [2], [78]〜[90]。ここでは，代表的な研究について紹介していきます。

[23] 大手 IT 企業の Meta 社などが, VR ヘッドセット [76] やスマートグラス [77] の開発に力を入れています。

[24] 魚眼カメラの利用は，三人称視点画像を扱う研究と一人称視点画像を扱う研究における大きな差異です。

[25] 原点を体の中心（root-relative）やカメラが搭載されたデバイス（device-relative）に置いた 3 次元座標系がよく使われます。

5.1　一人称視点魚眼画像における姿勢推定の研究

　3 次元姿勢推定問題において，一人称視点画像を扱う研究の代表例として Mo2Cap2 [78] が挙げられます。Mo2Cap2 では，単眼魚眼カメラを一般的な

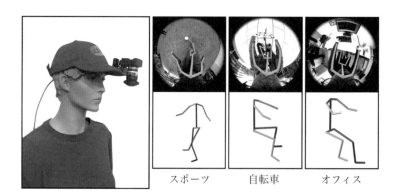

スポーツ　　　　自転車　　　　オフィス

図 12　Mo2Cap2 [78] における単眼魚眼カメラと帽子を用いたセットアップ（文献 [78] より引用）。人間のさまざまなモーションに対して，device-relative な 3 次元姿勢を推定することが可能です。

26) Mo2Cap2 が想定するデバイスは頭部前面に重量が集中するため，実際の生活の中で使うことは難しいでしょう。しかし，このような簡易的なデバイスを用いることで，さまざまな環境で取得できる一人称画像の検証や手法の開発が可能になり，一人称視点画像を用いる今後の研究の方向性を示すことができると考えられます。

帽子に装着したセットアップ[26] を想定しており，取得した一人称視点画像から device-relative な 3 次元姿勢を推定します（図 12 参照）。ここでは，一人称視点画像に対応した 3 次元姿勢推定問題のためのデータセット構築と提案手法について解説します。

一人称視点画像に対応する 3 次元姿勢推定用の合成データ作成

　深層学習ベースの手法の開発と評価には，データセットが欠かせません。しかし，現実世界で Mo2Cap2 が想定するセットアップにおいて，一人称視点画像とそれに対応した 3 次元姿勢を含む大規模なデータセットを構築することは困難です。これを解決するために，Mo2Cap2 は合成データを活用したデータセット構築を提案しました。具体的には，人体のパラメトリックモデルである SMPL [51]，現実世界で取得されたモーションキャプチャデータの CMU MoCap [91]，そして大規模な合成人間データである SURREAL [92] に含まれる多様な身体テクス

図 13　Mo2Cap2 [78] が提案する一人称視点合成魚眼画像の例（文献 [78] より改変して引用）

チャを用いて，モーション付けされた複数のバーチャルキャラクターを作成します。次に，これらのキャラクターが仮想の単眼魚眼カメラ付き帽子を着用した想定のもとで，背景を含まず身体のみが撮影された一人称視点魚眼画像をレンダリングします。最後に，この身体画像に対し，現実世界のさまざまな場面で撮影された魚眼画像を背景として合成し，学習・評価のための大規模データセットを構築しました[27]（図 13）。

3 次元姿勢推定における明示的な魚眼カメラモデルの利用

Mo2Cap2 は，魚眼カメラモデルに基づいた深層学習ベースの姿勢推定手法を提案しました。図 14 は，3 つのモジュールで構成された提案フレームワークを示しています。1 つ目のモジュールは，一人称視点画像から 2 次元関節位置のヒートマップを推定する 2D モジュールです。このモジュールは，CNN とスキップ接続（skip connection）[93] に基づくネットワーク構造を利用し，入力の一人称視点画像を処理する機構だけではなく，その一人称視点画像の中心付近をズームインさせた画像を追加で処理する機構も有しています。この機構を導入した背景には，ユーザーの頭部付近に装着されたカメラから得られる一人称視点画像では，セルフオクルージョンにより下半身を正確に捉えることが難しいという問題があります。そのため，下半身のみに着目して処理できるネットワークを組み合わせることで，より高精度な姿勢推定を目指しています。そして，これら 2 つの機構から得られる関節位置ヒートマップを平均化し，このモジュールにおける最終的な出力とします。

2 つ目は，カメラから個々の関節位置の距離を推定する距離モジュールです。このモジュールは 2 つの残差ブロック [93] で構成され，2D モジュールの処理から得られた複数の中間特徴量を入力として，カメラから関節位置までの距離ベクトル d を出力します。

3 つ目の関節位置モジュールでは，推定されたヒートマップおよび関節までの距離を用いて 3 次元関節位置を算出します。まず，推定したヒートマップから，関節位置である確率が最も高いピクセル位置 $[u, v]^\top$ を 2 次元平面上で読み取ります。その後，既存の魚眼カメラモデル [94][28] に従って，読み取った個々の 2 次元関節位置 $[u, v]^\top$ をカメラ位置を原点とする 3 次元座標系におけるベクトル $[x, y, z]^\top$ に変換します。

$$\begin{bmatrix} x \\ y \\ z \end{bmatrix} = \begin{bmatrix} u \\ v \\ f(\rho) \end{bmatrix} \tag{8}$$

ただし，$\rho = \sqrt{u^2 + v^2}$ であり，$f(\rho) = \alpha_0 + \alpha_1 \rho + \alpha_2 \rho^2 + \alpha_3 \rho^3 + \cdots$ はカメラ

[27] なお，Mo2Cap2 の合成データセット構築の際には，既存の魚眼カメラの内部パラメータを仮想カメラに適用したり，モーションに合わせてカメラの位置が多少動くように設置したりするなど，可能な限り現実世界でデバイスを用いた場合と同様のシナリオになるように工夫がなされています。

[28] この魚眼カメラモデルを扱ってみたい方は，公式チュートリアル（https://sites.google.com/site/scarabotix/ocamcalib-omnidirectional-camera-calibration-toolbox-for-matlab）を参考にするとよいでしょう。

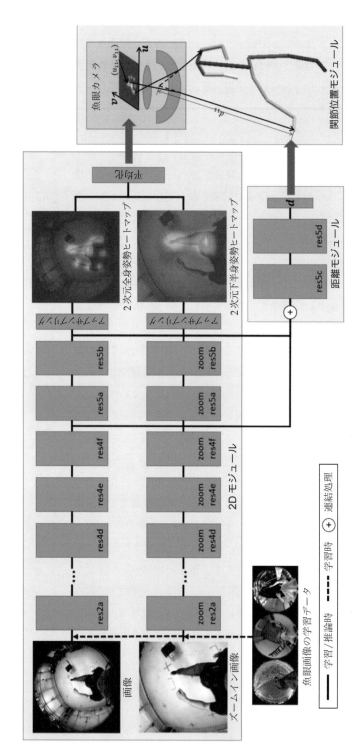

図 14 Mo2Cap2 [78] が提案する深層学習ベースの姿勢推定手法（文献 [78] より引用し翻訳）。2 次元関節位置ヒートマップを推定する 2D モジュール，カメラから個々の関節位置の距離を推定する距離モジュール，そして推定されたヒートマップおよび関節までの距離を用いて 3 次元関節位置を推定する関節位置モジュールの 3 つのモジュールで構成されます。

キャリブレーションによって得られる多項式関数となります。また，得られたベクトルから，個々の関節の3次元位置 P を以下の式に従って求めることができます。

$$P = \frac{d}{\sqrt{x^2 + y^2 + z^2}}[x, \ y, \ z]^\top \tag{9}$$

Mo2Cap2 は，一般に入手できる GPU 上でリアルタイムに推論を行うことが可能であり[29]，非常に軽量なモデルといえます。しかし，この手法では，魚眼カメラモデルを用いた計算の際にヒートマップから2次元平面上の関節位置を機械的に読み取るため，身体の一部が画像の視野角内に収まらない場合，得られる関節位置が不正確になってしまうことが課題です。

[29] Nvidia GTX 1080Ti を用いた場合，16.7 ms の速度で姿勢推定が可能です。

5.2　オートエンコーダ構造を利用した3次元姿勢推定の研究

近年の VR 用デバイスの需要の高まりとともに，単眼魚眼カメラ付きヘッドマウントディスプレイに基づいて3次元姿勢推定を行う xR-EgoPose [2] が提案されています（図15）。ここでは，xR-EgoPose が提案する一人称視点画像の大規模な合成データセットと姿勢推定フレームワークを紹介します。

ヘッドマウントディスプレイに基づく一人称視点画像用の3次元姿勢データ

現実世界においてヘッドマウントディスプレイを装着すると，ユーザーの顔のすぐ近くに備え付けのカメラが位置することになります。このような想定に対応したデータセットは，既存研究では提案されていません。そのため，xR-EgoPoseでは，図15 (b) に示す一人称視点合成画像と，これに対応する3次元姿勢データの構築を提案しています。具体的には，既存のモーションキャプチャデータ [95] を使用して，モーション付きバーチャルキャラクターを複数作成し，これらの

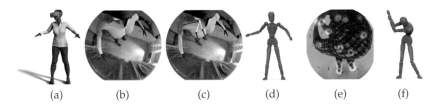

(a)　　　(b)　　　(c)　　　(d)　　　(e)　　　(f)

図15　(a) xR-EgoPose [2] が提案する，単眼魚眼カメラをもつヘッドマウントディスプレイを用いたセットアップ。(b) このセットアップから取得できる一人称視点の合成画像の例。(c) 合成画像を用い，提案手法により推定された3次元姿勢の2次元画像への投影。(d) 合成画像を用い，提案手法により推定された3次元姿勢。(e) 現実世界で取得した一人称視点画像から推定した2次元関節位置ヒートマップ。(f) 現実世界で取得した一人称視点画像から推定した3次元姿勢。

30) なお，Mo2Cap2 の合成データセット構築と同様に，xR-EgoPose データセットにおいても，ユーザーのモーションに合わせてヘッドマウントディスプレイの位置が多少動くように工夫されています。

キャラクターとハイダイナミックレンジ画像の背景を用いてレンダリングすることで合成データを作成します[30]。Mo2Cap2 で提案されたデータ（図 13）と比較すると，xR-EgoPose データセットはより写実的な画像を含んでいることがわかります（図 15 (b)）。

3 次元姿勢推定におけるオートエンコーダ構造の利用

xR-EgoPose は，魚眼カメラモデルを利用せず，オートエンコーダ構造に基づいて 3 次元姿勢を推定するフレームワークを導入しています。図 16 は提案フレームワークの概略を示しています。このフレームワークでは，最初に ResNet [93] をベースにした 2 次元関節位置推定ネットワークを用いて，入力となる一人称視点魚眼画像から 2 次元関節位置ヒートマップ（$\widehat{HM}$）を推定します。その後，推定したヒートマップは，2 つのデコーダを有するオートエンコーダ構造により処理されます。ここでは，まずエンコーダによってヒートマップの潜在空間における特徴量を算出し，1 つ目のデコーダでは 3 次元姿勢（$\widehat{P}$），2 つ目のデコーダでは入力のヒートマップを再構築（$\widetilde{HM}$）するように学習を行います。この 2 つ目のデコーダを用いた学習により，ヒートマップに内在する 2 次元関節位置の不確かさの情報をネットワークが保持できるとされています[31]。

31) ヒートマップを再構築するデコーダを用いた学習には，このほかにも利点があります。まず推論時にはこのデコーダは不要であり，モデルを軽量化できること，そして，3 次元姿勢の学習データが少量の場合でも 2 次元関節位置データのみで学習が可能であり，結果的に 3 次元姿勢の推定精度が向上することです。

xR-EgoPose が提案するフレームワークは，上半身によるセルフオクルージョンが発生した場合でも，比較的精度を保ちながら姿勢推定が可能であることが示されています（図 15 (e), (f)）。そのため，多くの後続研究で同様のオートエンコーダ構造が採用されており，学習時にさらにもう 1 つデコーダを増やして個々の関節の回転に関する制約を導入した手法 [80] や，ステレオ画像の入力へ拡張した手法 [88, 90] などが提案されています。

おわりに

本稿では，バーチャルヒューマンにかかわる技術の中でも，人間の全身構造や形状の把握に主眼を置いた代表的な研究について紹介してきました。三人称視点画像を前提にした研究では，人物の姿勢推定や身体メッシュ復元などのタスクにおいて，すでに非常に多くのアプローチが提案されています。これらの研究で提案された手法の多くは GitHub 上でオープンソース化されており，一般の方や学生でも無料で利用できるようになっています。また，研究自体も非常に進化しており，自然言語処理のような他分野で扱われる技術を組み合わせた手法が提案されるなど，コンピュータビジョン分野自体の広がりも感じます。

三人称視点画像を用いた研究と比べると，一人称視点画像を前提にした研究分野は比較的新しいものであり，3 次元表現のための手法も発展途上の印象を

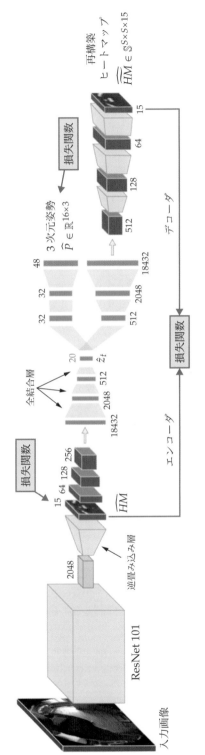

図16 xR-EgoPose [2] が提案する深層学習ベースの姿勢推定手法（文献 [2] より引用し翻訳）。ResNet [93] を用いた 2 次元関節位置ヒートマップを推定し、次にオートエンコーダ構造を用いてヒートマップから 3 次元関節位置を推定するという 2 つのステップで構成されます。

受けます。特に一人称視点画像を用いた人物の姿勢や形状推定に関するタスクにおいては，ウェアラブルデバイスによって取得できる一人称視点の動画を活用した取り組みが今後重要になってくると思われます。三人称視点画像を扱う研究と同様に，一人称視点動画の時系列情報をうまく扱うことで，セルフオクルージョンのような問題を解決することも期待されます。また，学習や評価に利用できるベンチマークとなるデータセットが現状不足しています。これは，三人称視点とは異なり一人称視点でのデータ取得においては，ユーザーフレンドリーなウェアラブルデバイスの開発が必須であり，それが途上であるためです。しかし，昨今の新しいVRヘッドセットやスマートグラスの開発における盛り上がりを考えると，今後さまざまなデータセットが提案され，今後の手法の開発に寄与していくことが予想されます。

　このように，バーチャルヒューマンの研究がさらに発展していくことで，XR技術は私たちの生活により密接にかかわるものになっていくでしょう。本稿をきっかけとして，皆さんがバーチャルヒューマンの研究に興味をもち，新しい技術や研究が今後出てくることを楽しみにしています。

参考文献

[1] Shuhei Tsuchida, Satoru Fukayama, Masahiro Hamasaki, and Masataka Goto. AIST dance video database: Multi-genre, multi-dancer, and multi-camera database for dance information processing. In *20th International Society for Music Information Retrieval Conference (ISMIR)*, 2019.

[2] Denis Tome, Patrick Peluse, Lourdes Agapito, and Hernan Badino. xR-EgoPose: Egocentric 3D human pose from an HMD camera. In *International Conference on Computer Vision (ICCV)*, 2019.

[3] Ce Zheng, Wenhan Wu, Taojiannan Yang, Sijie Zhu, Chen Chen, Ju Shen, Nasser Kehtarnavaz, and Mubarak Shah. Deep learning-based human pose estimation: A survey. *arXiv:2012.13392*, 2020.

[4] Alexander Toshev and Christian Szegedy. DeepPose: Human pose estimation via deep neural networks. In *Computer Vision and Pattern Recognition (CVPR)*, 2014.

[5] Alex Krizhevsky, Ilya Sutskever, and Geoffrey E. Hinton. ImageNet classification with deep convolutional neural networks. In *Advances in Neural Information Processing Systems*, 2012.

[6] Joao Carreira, Pulkit Agrawal, Katerina Fragkiadaki, and Jitendra Malik. Human pose estimation with iterative error feedback. In *Computer Vision and Pattern Recognition (CVPR)*, 2016.

[7] Diogo C. Luvizon, Hedi Tabia, and David Picard. Human pose regression by combining indirect part detection and contextual information. *Computers & Graphics*, Vol. 85, pp. 15–22, 2019.

[8] Sijin Li, Zhi-Qiang Liu, and Antoni B. Chan. Heterogeneous multi-task learning for

human pose estimation with deep convolutional neural network. In *Computer Vision and Pattern Recognition Workshops (CVPRW)*, 2014.

[9] Xiaochuan Fan, Kang Zheng, Yuewei Lin, and Song Wang. Combining local appearance and holistic view: Dual-source deep neural networks for human pose estimation. In *Computer Vision and Pattern Recognition (CVPR)*, 2015.

[10] Diogo C. Luvizon, David Picard, and Hedi Tabia. 2D/3D pose estimation and action recognition using multitask deep learning. In *Computer Vision and Pattern Recognition (CVPR)*, 2018.

[11] Ashish Vaswani, Noam Shazeer, Niki Parmar, Jakob Uszkoreit, Llion Jones, Aidan N. Gomez, Łukasz Kaiser, and Illia Polosukhin. Attention is all you need. In *Advances in neural information processing systems*, 2017.

[12] Ke Li, Shijie Wang, Xiang Zhang, Yifan Xu, Weijian Xu, and Zhuowen Tu. Pose recognition with cascade transformers. In *Computer Vision and Pattern Recognition (CVPR)*, 2021.

[13] Yufei Xu, Jing Zhang, Qiming Zhang, and Dacheng Tao. ViTPose: Simple vision Transformer baselines for human pose estimation. In *Advances in Neural Information Processing Systems*, 2022.

[14] Jonathan J. Tompson, Arjun Jain, Yann LeCun, and Christoph Bregler. Joint training of a convolutional network and a graphical model for human pose estimation. In *Advances in Neural Information Processing Systems*, 2014.

[15] Jonathan Tompson, Ross Goroshin, Arjun Jain, Yann LeCun, and Christoph Bregler. Efficient object localization using convolutional networks. In *Computer Vision and Pattern Recognition (CVPR)*, 2015.

[16] Alejandro Newell, Kaiyu Yang, and Jia Deng. Stacked hourglass networks for human pose estimation. In *European Conference on Computer Vision (ECCV)*, 2016.

[17] Adrian Bulat and Georgios Tzimiropoulos. Human pose estimation via convolutional part heatmap regression. In *European Conference on Computer Vision (ECCV)*, 2016.

[18] Georgia Gkioxari, Alexander Toshev, and Navdeep Jaitly. Chained predictions using convolutional neural networks. In *European Conference on Computer Vision (ECCV)*, 2016.

[19] Ita Lifshitz, Ethan Fetaya, and Shimon Ullman. Human pose estimation using deep consensus voting. In *European Conference on Computer Vision (ECCV)*, 2016.

[20] Shih-En Wei, Varun Ramakrishna, Takeo Kanade, and Yaser Sheikh. Convolutional pose machines. In *IEEE conference on Computer Vision and Pattern Recognition (CVPR)*, 2016.

[21] Vasileios Belagiannis and Andrew Zisserman. Recurrent human pose estimation. In *12th IEEE International Conference on Automatic Face & Gesture Recognition (FG)*, 2017.

[22] Wei Yang, Shuang Li, Wanli Ouyang, Hongsheng Li, and Xiaogang Wang. Learning feature pyramids for human pose estimation. In *International Conference on Computer Vision (ICCV)*, 2017.

[23] Bin Xiao, Haiping Wu, and Yichen Wei. Simple baselines for human pose estimation and tracking. In *European conference on computer vision (ECCV)*, 2018.

[24] Bappaditya Debnath, Mary O'Brien, Motonori Yamaguchi, and Ardhendu Behera. Adapting MobileNets for mobile based upper body pose estimation. In *15th IEEE International Conference on Advanced Video and Signal Based Surveillance (AVSS)*, 2018.

[25] Bruno Artacho and Andreas Savakis. UniPose: Unified human pose estimation in single images and videos. In *Computer Vision and Pattern Recognition (CVPR)*, 2020.

[26] Xiao Chu, Wanli Ouyang, Hongsheng Li, and Xiaogang Wang. Structured feature learning for pose estimation. In *Computer Vision and Pattern Recognition (CVPR)*, 2016.

[27] Lipeng Ke, Ming-Ching Chang, Honggang Qi, and Siwei Lyu. Multi-scale structure-aware network for human pose estimation. In *European Conference on Computer Vision (ECCV)*, 2018.

[28] Wei Tang and Ying Wu. Does learning specific features for related parts help human pose estimation? In *Computer Vision and Pattern Recognition (CVPR)*, 2019.

[29] Wei Tang, Pei Yu, and Ying Wu. Deeply learned compositional models for human pose estimation. In *European conference on computer vision (ECCV)*, 2018.

[30] Wei Yang, Wanli Ouyang, Hongsheng Li, and Xiaogang Wang. End-to-end learning of deformable mixture of parts and deep convolutional neural networks for human pose estimation. In *Computer Vision and Pattern Recognition (CVPR)*, 2016.

[31] Tomas Pfister, James Charles, and Andrew Zisserman. Flowing convnets for human pose estimation in videos. In *International Conference on Computer Vision (ICCV)*, 2015.

[32] Yue Luo, Jimmy Ren, Zhouxia Wang, Wenxiu Sun, Jinshan Pan, Jianbo Liu, Jiahao Pang, and Liang Lin. LSTM pose machines. In *Computer Vision and Pattern Recognition (CVPR)*, 2018.

[33] Yuexi Zhang, Yin Wang, Octavia Camps, and Mario Sznaier. Key frame proposal network for efficient pose estimation in videos. In *European conference on computer vision (ECCV)*, 2020.

[34] Ian Goodfellow, Jean Pouget-Abadie, Mehdi Mirza, Bing Xu, David Warde-Farley, Sherjil Ozair, Aaron Courville, and Yoshua Bengio. Generative adversarial networks. *Communications of the ACM*, Vol. 63, No. 11, pp. 139–144, 2020.

[35] Yu Chen, Chunhua Shen, Xiu-Shen Wei, Lingqiao Liu, and Jian Yang. Adversarial PoseNet: A structure-aware convolutional network for human pose estimation. In *International Conference on Computer Vision (ICCV)*, 2017.

[36] Xi Peng, Zhiqiang Tang, Fei Yang, Rogerio S. Feris, and Dimitris Metaxas. Jointly optimize data augmentation and network training: Adversarial data augmentation in human pose estimation. In *Computer Vision and Pattern Recognition (CVPR)*, 2018.

[37] Sen Yang, Zhibin Quan, Mu Nie, and Wankou Yang. TransPose: Keypoint localization via Transformer. In *International Conference on Computer Vision*, 2021.

[38] Ikhsanul Habibie, Weipeng Xu, Dushyant Mehta, Gerard Pons-Moll, and Christian Theobalt. In the wild human pose estimation using explicit 2D features and intermediate 3D representations. In *Computer Vision and Pattern Recognition (CVPR)*, 2019.

[39] Bugra Tekin, Isinsu Katircioglu, Mathieu Salzmann, Vincent Lepetit, and Pascal Fua. Structured prediction of 3D human pose with deep neural networks. *British Machine*

Vision Conference (BMVC), 2016.

[40] Ce Zheng, Sijie Zhu, Matias Mendieta, Taojiannan Yang, Chen Chen, and Zheng-ming Ding. 3D human pose estimation with spatial and temporal Transformers. In *International Conference on Computer Vision (ICCV)*, 2021.

[41] Dario Pavllo, Christoph Feichtenhofer, David Grangier, and Michael Auli. 3D human pose estimation in video with temporal convolutions and semi-supervised training. In *Computer Vision and Pattern Recognition (CVPR)*, 2019.

[42] Yiran Zhu, Xing Xu, Fumin Shen, Yanli Ji, Lianli Gao, and Heng Tao Shen. PoseGTAC: Graph Transformer encoder-decoder with atrous convolution for 3D human pose estimation. In *International Joint Conference on Artificial Intelligence*, pp. 1359–1365, 2021.

[43] Wenhao Li, Hong Liu, Hao Tang, Pichao Wang, and Luc Van Gool. MHFormer: Multi-hypothesis Transformer for 3D human pose estimation. In *Computer Vision and Pattern Recognition (CVPR)*, 2022.

[44] Wenhao Li, Hong Liu, Runwei Ding, Mengyuan Liu, Pichao Wang, and Wenming Yang. Exploiting temporal contexts with strided Transformer for 3D human pose estimation. *IEEE Transactions on Multimedia*, 2022.

[45] Jinlu Zhang, Zhigang Tu, Jianyu Yang, Yujin Chen, and Junsong Yuan. MixSTE: Seq2seq mixed spatio-temporal encoder for 3D human pose estimation in video. In *Computer Vision and Pattern Recognition (CVPR)*, 2022.

[46] Honghong Yang, Longfei Guo, Yumei Zhang, and Xiaojun Wu. U-shaped spatial-temporal transformer network for 3D human pose estimation. *Machine Vision and Applications*, Vol. 33, No. 6, p. 82, 2022.

[47] Moritz Einfalt, Katja Ludwig, and Rainer Lienhart. Uplift and upsample: Efficient 3D human pose estimation with uplifting Transformers. In *Winter Conference on Applications of Computer Vision (WACV)*, 2023.

[48] Catalin Ionescu, Dragos Papava, Vlad Olaru, and Cristian Sminchisescu. Human3.6M: Large scale datasets and predictive methods for 3D human sensing in natural environments. *IEEE Transactions on Pattern Analysis and Machine Intelligence*, Vol. 36, No. 7, pp. 1325–1339, 2014.

[49] Yilun Chen, Zhicheng Wang, Yuxiang Peng, Zhiqiang Zhang, Gang Yu, and Jian Sun. Cascaded pyramid network for multi-person pose estimation. In *Computer Vision and Pattern Recognition (CVPR)*, 2018.

[50] Dushyant Mehta, Helge Rhodin, Dan Casas, Pascal Fua, Oleksandr Sotnychenko, Weipeng Xu, and Christian Theobalt. Monocular 3D human pose estimation in the wild using improved CNN supervision. In *International Conference on 3D Vision (3DV)*, 2017.

[51] Matthew Loper, Naureen Mahmood, Javier Romero, Gerard Pons-Moll, and Michael J. Black. SMPL: A skinned multi-person linear model. *ACM Transactions on Graphics (Proc. SIGGRAPH Asia)*, Vol. 34, No. 6, pp. 248:1–248:16, 2015.

[52] Angjoo Kanazawa, Michael J. Black, David W. Jacobs, and Jitendra Malik. End-to-end recovery of human shape and pose. In *Computer Vision and Pattern Recognition*

(CVPR), 2018.

[53] Naureen Mahmood, Nima Ghorbani, Nikolaus F. Troje, Gerard Pons-Moll, and Michael J. Black. AMASS: Archive of motion capture as surface shapes. In *International Conference on Computer Vision (ICCV)*, 2019.

[54] Angjoo Kanazawa, Jason Y. Zhang, Panna Felsen, and Jitendra Malik. Learning 3D human dynamics from video. In *Computer Vision and Pattern Recognition (CVPR)*, 2019.

[55] Muhammed Kocabas, Nikos Athanasiou, and Michael J. Black. VIBE: Video inference for human body pose and shape estimation. In *Computer Vision and Pattern Recognition (CVPR)*, 2020.

[56] Rawal Khirodkar, Shashank Tripathi, and Kris Kitani. Occluded human mesh recovery. In *Computer Vision and Pattern Recognition (CVPR)*, 2022.

[57] Nikos Kolotouros, Georgios Pavlakos, Michael J. Black, and Kostas Daniilidis. Learning to reconstruct 3D human pose and shape via model-fitting in the loop. In *International Conference on Computer Vision (ICCV)*, 2019.

[58] Kevin Lin, Lijuan Wang, and Zicheng Liu. End-to-end human pose and mesh reconstruction with Transformers. In *Computer Vision and Pattern Recognition (CVPR)*, 2021.

[59] Javier Romero, Dimitrios Tzionas, and Michael J. Black. Embodied hands: Modeling and capturing hands and bodies together. *ACM Transactions on Graphics (Proc. SIGGRAPH Asia)*, Vol. 36, No. 6, 2017.

[60] Georgios Pavlakos, Vasileios Choutas, Nima Ghorbani, Timo Bolkart, Ahmed A. A. Osman, Dimitrios Tzionas, and Michael J. Black. Expressive body capture: 3D hands, face, and body from a single image. In *Computer Vision and Pattern Recognition (CVPR)*, 2019.

[61] Ahmed A. A. Osman, Timo Bolkart, and Michael J. Black. STAR: A sparse trained articulated human body regressor. In *European Conference on Computer Vision (ECCV)*, 2020.

[62] Shunsuke Saito, Zeng Huang, Ryota Natsume, Shigeo Morishima, Angjoo Kanazawa, and Hao Li. PIFu: Pixel-aligned implicit function for high-resolution clothed human digitization. In *International Conference on Computer Vision (ICCV)*, 2019.

[63] Stan Sclaroff and Alex Pentland. Generalized implicit functions for computer graphics. In *18th annual conference on Computer graphics and interactive techniques*, 1991.

[64] William E. Lorensen and Harvey E. Cline. Marching cubes: A high resolution 3D surface construction algorithm. *ACM Siggraph Computer Graphics*, Vol. 21, No. 4, pp. 163–169, 1987.

[65] Shunsuke Saito, Tomas Simon, Jason Saragih, and Hanbyul Joo. PIFuHD: Multi-level pixel-aligned implicit function for high-resolution 3D human digitization. In *Computer Vision and Pattern Recognition (CVPR)*, 2020.

[66] Ruilong Li, Yuliang Xiu, Shunsuke Saito, Zeng Huang, Kyle Olszewski, and Hao Li. Monocular real-time volumetric performance capture. In *European Conference on Computer Vision (ECCV)*, 2020.

[67] Ben Mildenhall, Pratul P. Srinivasan, Matthew Tancik, Jonathan T. Barron, Ravi Ramamoorthi, and Ren Ng. NeRF: Representing scenes as neural radiance fields for view synthesis. In *European Conference on Computer Vision (ECCV)*, 2020.

[68] Chung-Yi Weng, Brian Curless, Pratul P. Srinivasan, Jonathan T. Barron, and Ira Kemelmacher-Shlizerman. HumanNeRF: Free-viewpoint rendering of moving people from monocular video. In *Computer Vision and Pattern Recognition (CVPR)*, 2022.

[69] Chung-Yi Weng, Brian Curless, and Ira Kemelmacher-Shlizerman. Vid2Actor: Free-viewpoint animatable person synthesis from video in the wild. *arXiv preprint arXiv:2012.12884*, 2020.

[70] Lingjie Liu, Marc Habermann, Viktor Rudnev, Kripasindhu Sarkar, Jiatao Gu, and Christian Theobalt. Neural actor: Neural free-view synthesis of human actors with pose control. *ACM Transactions on Graphics (ACM SIGGRAPH Asia)*, Vol. 40, pp. 1–16, 2021.

[71] Wei Jiang, Kwang Moo Yi, Golnoosh Samei, Oncel Tuzel, and Anurag Ranjan. NeuMan: Neural human radiance field from a single video. In *European Conference on Computer Vision (ECCV)*, 2022.

[72] James T. Kajiya and Brian P. Von Herzen. Ray tracing volume densities. *ACM SIGGRAPH computer graphics*, Vol. 18, No. 3, pp. 165–174, 1984.

[73] Kaiming He, Georgia Gkioxari, Piotr Dollár, and Ross Girshick. Mask R-CNN. In *International Conference on Computer Vision (ICCV)*, 2017.

[74] Johannes L. Schonberger and Jan-Michael Frahm. Structure-from-motion revisited. In *Computer Vision and Pattern Recognition (CVPR)*, 2016.

[75] Johannes L. Schönberger, Enliang Zheng, Jan-Michael Frahm, and Marc Pollefeys. Pixelwise view selection for unstructured multi-view stereo. In *European Conference on Computer Vision (ECCV)*, 2016.

[76] Meta Quest VR ヘッドセット, 2023. https://www.meta.com/de/en/work/quest/.

[77] Meta Project Aria, 2023. https://about.meta.com/realitylabs/projectaria/.

[78] Weipeng Xu, Avishek Chatterjee, Michael Zollhoefer, Helge Rhodin, Pascal Fua, Hans-Peter Seidel, and Christian Theobalt. Mo^{2}Cap^2: Real-time mobile 3D motion capture with a cap-mounted fisheye camera. *IEEE Transactions on Visualization and Computer Graphics*, 2019.

[79] Ye Yuan and Kris Kitani. 3D ego-pose estimation via imitation learning. In *European Conference on Computer Vision (ECCV)*, pp. 735–750, 2018.

[80] Denis Tomè, Thiemo Alldieck, Patrick Peluse, Gerard Pons-Moll, Lourdes de Agapito, Hernán Badino, and Fernando De la Torre. SelfPose: 3D egocentric pose estimation from a headset mounted camera. *IEEE transactions on pattern analysis and machine intelligence*, Vol. 45, pp. 6794–6806, 2020.

[81] Yahui Zhang, Shaodi You, and Theo Gevers. Automatic calibration of the fisheye camera for egocentric 3D human pose estimation from a single image. In *Winter Conference on Applications of Computer Vision*, 2021.

[82] Jian Wang, Lingjie Liu, Weipeng Xu, Kripasindhu Sarkar, and Christian Theobalt. Estimating egocentric 3D human pose in global space. In *International Conference on*

Computer Vision (ICCV), 2021.

[83] Ye Yuan and Kris Kitani. Ego-pose estimation and forecasting as real-time PD control. In *International Conference on Computer Vision (ICCV)*, 2019.

[84] Zhengyi Luo, Ryo Hachiuma, Ye Yuan, and Kris Kitani. Dynamics-regulated kinematic policy for egocentric pose estimation. In *Advances in Neural Information Processing Systems*, 2021.

[85] Hao Jiang and Vamsi K. Ithapu. Egocentric pose estimation from human vision span. In *International Conference on Computer Vision (ICCV)*, 2021.

[86] Jian Wang, Lingjie Liu, Weipeng Xu, Kripasindhu Sarkar, Diogo Luvizon, and Christian Theobalt. Estimating egocentric 3D human pose in the wild with external weak supervision. In *Computer Vision and Pattern Recognition (CVPR)*, 2022.

[87] Helge Rhodin, Christian Richardt, Dan Casas, Eldar Insafutdinov, Mohammad Shafiei, Hans-Peter Seidel, Bernt Schiele, and Christian Theobalt. EgoCap: Egocentric marker-less motion capture with two fisheye cameras. *ACM Transactions on Graphics (TOG)*, Vol. 35, No. 6, pp. 1–11, 2016.

[88] Dongxu Zhao, Zhen Wei, Jisan Mahmud, and Jan-Michael Frahm. EgoGlass: Egocentric-view human pose estimation from an eyeglass frame. In *International Conference on 3D Vision (3DV)*, 2021.

[89] Young-Woon Cha, True Price, Zhen Wei, Xinran Lu, Nicholas Rewkowski, Rohan Chabra, Zihe Qin, Hyounghun Kim, Zhaoqi Su, Yebin Liu, Adrian Ilie, Andrei State, Zhenlin Xu, Jan-Michael Frahm, and Henry Fuchs. Towards fully mobile 3D face, body, and environment capture using only head-worn cameras. *IEEE Transactions on Visualization and Computer Graphics*, Vol. 24, No. 11, pp. 2993–3004, 2018.

[90] Hiroyasu Akada, Jian Wang, Soshi Shimada, Masaki Takahashi, Christian Theobalt, and Vladislav Golyanik. UnrealEgo: A new dataset for robust egocentric 3D human motion capture. In *European Conference on Computer Vision (ECCV)*, 2022.

[91] Carnegie Mellon University. CMU MoCap Dataset. http://mocap.cs.cmu.edu.

[92] Gül Varol, Javier Romero, Xavier Martin, Naureen Mahmood, Michael J. Black, Ivan Laptev, and Cordelia Schmid. Learning from synthetic humans. In *Computer Vision and Pattern Recognition (CVPR)*, 2017.

[93] Kaiming He, Xiangyu Zhang, Shaoqing Ren, and Jian Sun. Deep residual learning for image recognition. In *Computer Vision and Pattern Recognition (CVPR)*, 2016.

[94] Davide Scaramuzza, Agostino Martinelli, and Roland Siegwart. A toolbox for easily calibrating omnidirectional cameras. In *International Conference on Intelligent Robots and Systems (IROS)*, 2006.

[95] Mixamo, 2022. https://www.mixamo.com.

あかだ ひろやす（Max Planck Institute for Informatics）

フカヨミ オープンワールド物体検出
未知クラスオブジェクトを検出！

■齋藤邦章

1　物体検出とは

　物体検出とは，画像やビデオなどのデジタルメディア内に存在する物体の位置や種類を検出する技術です。コンピュータが与えられた画像内の物体を認識し，その物体が画像内のどこに存在するかを特定することを目的としています。物体検出は，自動運転や監視システム，セキュリティシステム，医療画像処理など，物体のカテゴリーと位置取得が必要なタスクに広く用いられています。また，インスタンスセグメンテーション（instance segmentation）と呼ばれるタスクでは，物体の位置取得をピクセル単位で行うことを目的とします。個々の物体をバウンディングボックスやポリゴンなどの枠で囲み，同時に物体内部の各ピクセルを分類します。これにより，複数の物体が重なっている画像でも，個々の物体を正確に識別することができます。この 2 つのタスクにおいては，学習時に使われたクラスの検出およびセグメンテーションを基本的にテスト時にも行うという仮定があります。しかし，自動運転などの認識システムにおいては，学習時に与えられていないカテゴリー[1] も安全のために検出する必要があります。

　そういったニーズに合わせたタスクとして，オープンワールドインスタンスセグメンテーション（open-world instance segmentation; OWIS) [1] が近年提案されています。このタスクでは，未知クラス物体も検出およびセグメンテーションすることを目指しています。このタスクの目的は，物体をそれぞれのカテゴリーにカテゴライズすることではなく，"物体" として認識することにあります。何を物体と見なすかは，アプリケーションや人によって変化し，一概に定義することは困難です。たとえば，ドアノブは物体なのかどうかは人によって意見が分かれるはずです。この研究において評価しているのは，「あるクラスを物体として検出器を学習させた際に，そのクラスに対して過学習することなく，異なる特徴をもつクラスを物体として検出できるのか」ということです。この研究では，自動運転における検出システムのように，多くのクラスを物体

[1] 「未知クラス」と呼ぶことにします。

と見なす必要があるシステムをアプリケーションとして想定しています。

　このオープンワールドインスタンスセグメンテーションを解くシンプルな方法は，SAM [2] のように，非常に多くのカテゴリーをカバーしたデータセットを構築することですが，そうしたデータセットを構築するには，非常にコストがかかります。このデータセットで学習したモデルを転移させるのも 1 つの方法ですが，その場合，そのモデルをアプリケーション対象であるデータセットに対してどう fine-tuning するのかが課題になります。この研究で提案される手法は，この fine-tuning の際にも適用可能だと考えられます。

　次節以降では，本稿の筆者らが ECCV2022 で提案した手法である LDET [3] について解説します。図 1 に既存手法と LDET の結果のサンプルを示します。既存手法に比べ，LDET はより多くの物体を検出しています。図 1 に既存手法とわれわれの提案手法の結果のサンプルを示します。既存手法に比べ，提案手法がより多くの物体を検出しています。

(a) Mask R-CNN（COCO で学習）　　　　(b) LDET（COCO で学習）

図 1　オープンワールドインスタンスセグメンテーションでは，学習時にアノテーションを与えられていないクラスを "物体" として検出およびセグメンテーションすることを目的とします。(a) データセット COCO で学習した Mask R-CNN による検出結果です。検出されていない物体が多く存在することがわかります。(b) 同じデータセットで学習した LDET による検出結果です。より多くの物体を "物体" として検出しています。

2　物体検出手法の概要と課題

2.1　物体検出

　一般に，物体検出は以下の手順で行われます。

1. 画像内の物体を認識するための特徴量を抽出する。
2. 抽出された特徴量を用いて物体の種類および位置を特定する。

位置特定のためのアウトプットにはさまざまな形式が存在しますが，バウンディングボックス（矩形）の形式で位置を取得するのが一般的です。

R-CNN（regions with convolutional neural networks）[4] は，物体が存在する可能性がある領域を事前に検出し，その領域に対して CNN を適用することで物体を検出します。物体候補領域の検出には Selective Search [5] が利用されます。Faster R-CNN [6] は，R-CNN の改良版で，物体候補領域の提案に CNN を用いてエンドトゥエンドに推論を行うことで，R-CNN よりも高速に物体検出を行えます。Faster R-CNN は領域ごとの識別を行うために，ROI プーリング[2] を利用して領域ごとに特徴量を抽出しています。Faster R-CNN は候補領域の提案と最終的な検出アウトプットの 2 段階からなるので，2 ステージ物体検出器といわれることがあります。それに対し，YOLO [7] や SSD [8] といった 1 ステージ物体検出器は，候補領域の提案を経ずに一気通貫で結果を出力します。

　本稿では，2 ステージ物体検出器である Faster R-CNN をベースにした Mask R-CNN [9] をインスタンスセグメンテーションモデルとして，議論を進めます。Mask R-CNN では，Faster R-CNN に，オブジェクトのインスタンスごとにマスクを生成するマスク予測ブランチが追加されています。このマスク予測ブランチは，ROI プーリングされた特徴マップを使用して，物体のセマンティックセグメンテーション用のマスクを生成します。

2) ROI プーリングは，Region of Interest（ROI）と呼ばれる領域を一定のサイズのグリッドに分割し，それぞれのグリッド内の最大値をとることで，任意のサイズの ROI から固定サイズの特徴マップを生成する手法です。

2.2　物体検出の課題

　物体検出器を学習させる上で重要なのは，背景領域と物体領域（物体が存在する領域）を区別するようにモデルを学習させることです。一般的には，サンプリングしてきた矩形領域とラベル付けされている物体領域との IoU[3] を計算し，閾値以上の IoU をもつ矩形領域を物体領域，それ以外を背景領域と見なして学習を行います。これを前提として，データセット COCO [10] の画像とアノテーションを図 2 で見てみましょう。白の破線領域はアノテーションされていない領域で，それ以外の矩形はアノテーションされています。COCO [10] は 80

3) Intersection over Union の略称。2 つの矩形領域の重なり具合を計算します。

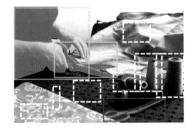
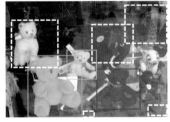

図 2　データセット COCO [10] のサンプル。色のついた矩形はアノテーションされた領域で，白の破線矩形の領域はアノテーションされていない領域です。一般に物体検出を学習させる際には，この破線領域を背景として学習してしまうため，未知クラスを物体として検出することが難しくなります。

カテゴリーを網羅したデータセットですが，80 カテゴリー以外の物体にはアノテーションがなされていません。

重要なのは，これらの領域は検出器の学習において背景領域と見なされるということです。そのため，データセットのアノテーションに基づいて既存の背景と物体の識別を学習した検出器は，テスト時に未知クラスに遭遇しても，背景領域と認識してしまうリスクが大きくなります。次節では，この問題を解決するための筆者らの提案手法 "LDET" を紹介します。

3　LDET

LDET は，アノテーションされていない物体を背景領域として学習しないように設計された学習手法です。LDET は，(1) 背景領域削除のための画像生成を行うフレームワークと，(2) 生成画像と元画像から学習を行うフレームワークの 2 つからなります。本節では，この 2 つの要素についてそれぞれ説明していきます。

3.1　BackErase：背景領域を削除するデータ拡張

検出器の学習時に，アノテーションされていない物体を背景領域として学習することを防ぐために，アノテーションされていない領域を削除するためのデータ拡張を行います（図 3 参照）。データとしては，画像とそれぞれの物体ごとにインスタンスマスクがあり，また矩形領域がアノテーションとして与えられて

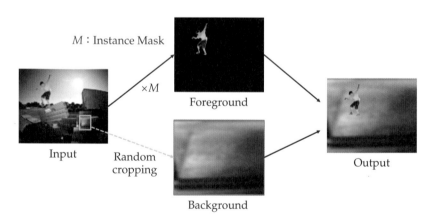

図 3　背景領域を除去するためのデータ拡張。学習画像 (Input) にはインスタンスレベルのマスク (Instance Mask) が与えられていると仮定します。マスクを用いて物体領域 (Foreground) を切り取り，合成された背景領域 (Background) の上に貼り付けます。背景領域は，入力画像の小さな領域から切り出し (Random cropping)，入力画像と同サイズにリサイズします。

いると仮定します[4]。データ拡張は，(1) インスタンスマスクを使用して，アノテーションされた物体領域だけを切り抜き，(2) 合成された背景キャンバスに貼り付ける，という操作からなります。合成された画像にはアノテーションされていない物体が基本的に含まれないので，その画像を用いて学習することで，アノテーションされていない領域を背景として学習するリスクが小さくなります。

[4] ともに既知クラスに対するアノテーションです。

背景キャンバスの作成

まず，以下の手順で，物体が存在しない背景キャンバスを作ります。入力画像 I_1 からランダムに小さな領域を切り出します。この領域を入力画像と同じ大きさにリサイズして背景キャンバスとし，これを I_2 とします。ポイントは，小さな領域を切り取って背景キャンバスにしていることです。これにより，元の背景をそのまま使う場合に比べて，背景領域に物体が含まれる可能性が低くなります。仮に背景領域にオブジェクトが含まれていたとしても，図 4 の例に示すように，小さな領域を切り取って大幅に拡大することにより，物体の見た目が大きく変化します。

物体領域と背景領域の合成

背景領域 I_2 に物体領域をマージしていきます。前景と背景の重ね合わせには，物体のバイナリマスク（M）[5]を使用し，$I_1 M + I_2(1 - M)$ として計算します。COCO データセットを用いた合成画像の例を図 4 に示しています。COCO のようなアノテーションが密なデータセットにおいても，すべてのオブジェクトはアノテーションされているわけではなく，LDET におけるデータ拡張手法は，そのような隠れた物体を背景から効果的に除去しています。

また，実際のデータ拡張においては，物体領域を意図的にぼかす操作を行っています。図 3 の背景領域の例のように，切り出された背景は，ぼやけた画像

[5] マスク M は，画像内の全物体に対するバイナリマスクを表します。入力画像と同じサイズをもち，物体が存在する領域の値を 1，その他を 0 としたマトリクスと考えてください。

図 4　データ拡張で得られる画像のサンプル。各サンプルの対で，左側は元画像とアノテーション，右側は生成された画像です。

になっています。物体をそのままこの背景に貼り付けると，背景のみがぼやけた画像ができ上がります。そのような画像でモデルを学習させると，「ぼやけた領域は背景，それ以外は物体」というバイアスをもったモデルになります。それを防ぐために，物体領域をぼかす操作を行っています。具体的には，物体領域を一度小さくリサイズして，もう一度元の大きさにリサイズし直します。こうして生成された画像を学習に用いると，大きく精度を改善できることが実験で示されています。詳しくは，論文 [3] を参照してください。

3.2 生成画像と元画像を組み合わせた学習

Mask R-CNN [9] を想定し，学習手法を説明します。実画像と合成画像は見た目が大きく異なるため，合成画像のみで学習した検出器は，実画像に対してうまく汎化できません（後出の表 3 参照）。本項では，この問題を解決するためのシンプルなアプローチを説明します。学習パイプライン全体を図 5 に示します。具体的には，合成画像を用いて，物体検出の損失を計算・逆伝播しつつ，実画像でインスタンスセグメンテーションマスク損失を計算・逆伝播することで，この問題を解決します。

図 5 に示すように，Mask R-CNN は，セグメンテーションネットワークと物体検出ネットワークで構成され，2 つのネットワークは特徴抽出ネットワークを共有します。つまり，特徴抽出ネットワークはセグメンテーション損失と物体検出損失の両方から更新されます。そこで，合成画像を用いて物体検出ネッ

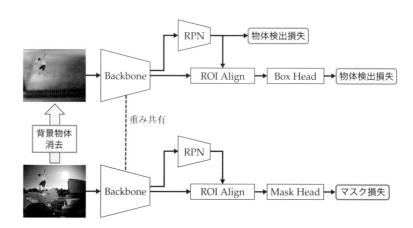

図 5　学習パイプラインの概要（Backbone：特徴抽出器，RPN：物体候補領域提案ネットワーク，ROI Align：ROI プーリングモジュール，Box Head：矩形領域識別ネットワーク，Mask Head：マスク生成ネットワーク）。実画像（図中，左下），および実画像から背景物体を消去した画像（左上）の両方を用いて学習を行います。生成された画像に対しては物体検出損失を計算し，実画像に対してはインスタンスごとにマスク損失を計算します。

トワークと特徴抽出ネットワークを更新するのに加えて，実画像を用いてインスタンスセグメンテーションネットワークと特徴抽出ネットワークを更新します。これによって特徴抽出ネットワークは実画像と合成画像の両方から学習するので，実画像に対しても汎化するようになります。ポイントは，インスタンスセグメンテーションタスクと物体検出タスクは，互いに相関が高いタスクであるということです。セグメンテーションタスクでは物体をピクセルレベルで特定するのに対して，物体検出では矩形レベルで物体を特定します。物体検出に対して相関が高いタスクであるセグメンテーションによって，（実画像を用いて）特徴抽出ネットワークを更新することで，物体検出が実画像に対して汎化するようになります。

4 性能評価

本節では LDET をさまざまなデータセットにおいて評価し，分析を行います。

4.1 評価設定

データセット

大きく分けて 2 つの設定で，LDET の評価を行います。

(1) 同一データセット内における異なるカテゴリー間での評価（クロスカテゴリー設定）

(2) 異なるデータセット間での評価（クロスデータセット設定）

(1) は COCO [10] データセットに基づくもので，全クラスを既知クラスと未知クラスに分け，既知クラスでモデルを学習させ，未知クラスおよび全クラスで性能を評価します。また，検出モデルが新しい環境において未知クラスに遭遇する場面を想定し，クロスデータセットに対する評価では，COCO [10] または Cityscape [11] を学習データとして用い，UVO [1]，Mapillary Vista [12] をテストデータセットとして採用しています。

ResNet-50 [13] に基づく Feature Pyramid Network [14] を特徴抽出器とする Mask R-CNN [9] を使用します。[1] に従い，主に Average Recall（AR）を基準として評価を行います。たとえば，AR_{10} は検出結果中，最もスコアが高い 10 個の領域を物体と見なしたとき，どれだけの物体が検出できているかを評価します[6]。類似して，Average Precision（AP）は，物体として検出された領域のうち，実際に物体である領域の割合を評価します。また，ある矩形が近くの物体を検出できているかどうかは，出力された矩形とアノテーション矩形の IoU に基づいて判断します。COCO の評価法に従い，異なる閾値に対してそれぞれ

[6] 数字の表記がない場合は 100 個の領域を物体と考えます。

7) $AR^{0.5}$ という表記は，閾値 0.5 を用いた際の AR という意味です。

評価を行い，平均をとることで AR, AP を計算します[7]。AR はアノテーションされた物体のうち，どれだけの物体が検出器によって検出されているかを評価します。

比較手法

(1) Mask R-CNN, (2) Mask R-CNN^S, (3) Mask R-CNN^P の 3 つのベースラインを用いています。(1) は標準的なインスタンスセグメンテーションモデルの学習プロトコルに沿って学習したモデル，(2) はアノテーションされていない物体が背景領域とされないように，領域のサンプリングのパラメータを変えたモデル[8]，(3) は学習中に検出モデルが高い確率で物体と判断した領域に対して物体擬似ラベルを付与し，学習したモデルです。ベースラインの詳細については，[3] を参照してください。また，LDET を学習させる際のハイパーパラメータに関しては，(1) と同じものを使用しています。

8) 学習時に背景領域と物体領域を決める IoU に対する閾値を変えています。

4.2　クロスカテゴリー設定に対する評価

COCO データセットを 20 の既知（VOC）クラス[9]と 60 の未知（非 VOC）クラスに分割し，既知クラスデータに対してのみモデルを学習させ，未知クラスに対して評価を行います。

9) Pascal VOC [15] の 20 クラス，すなわち person, bird, cat, cow, dog, horse, sheep, airplane, bicycle, boat, bus, car, bike, train, bottle, chair, dining table, potted plant, sofar, tv を用いています。

VOC→ 非 VOC における評価

表 1 から，LDET はすべての評価基準でベースラインを大きく上回っていることがわかります。この差は，非 VOC クラスに関する結果でより顕著です。また，表 2 に，ベースライン Mask R-CNN が最も高い AR を示したトップ 5 クラスと，最も低い AR を示したワースト 5 クラスにおける比較を示します。既知クラスの中に未知クラスに似たカテゴリーが存在する場合，その未知クラスに対する精度は高い傾向にあります。LDET は，トップ 5，ワースト 5 のほと

表 1　COCO に含まれる Pascal VOC の 20 カテゴリーで学習を行った結果。左に VOC の 20 カテゴリー以外（非 VOC）で評価を行った結果，右に COCO の 80 カテゴリーすべてで評価を行った結果を示します。

| 比較手法 | 非 VOC クラスへの評価 | | | | | | すべてのクラスへの評価 | | | |
| | 矩形 | | | マスク | | | 矩形 | | マスク | |
	AP	AR_{10}	AR_{100}	AP	AR_{10}	AR_{100}	AR_{10}	AR_{100}	AR_{10}	AR_{100}
Mask R-CNN [9]	1.5	8.8	10.9	0.7	7.2	9.1	19.3	23.1	16.7	19.9
Mask R-CNN^P	3.4	8.7	10.7	2.2	7.2	8.9	19.1	23.0	16.5	19.8
Mask R-CNN^S	1.1	13.2	18.0	0.6	11.3	15.8	21.7	27.4	19.2	24.4
LDET	**5.0**	**18.2**	**30.8**	**4.7**	**16.3**	**27.4**	**24.4**	**36.8**	**22.4**	**33.1**

表 2　表 1 の実験における，最も検出精度が高い（トップ 5）クラス，低い（ワースト 5）クラスに対する AR。さまざまな未知クラスに対して検出精度を改善していることがわかります。

比較手法	トップ 5					ワースト 5				
	bear	bed	microwave	elephant	t-bear	carrot	tie	skis	broccoli	donut
Mask R-CNN	**78.6**	45.2	36.5	28.6	20.3	0.4	0.4	1.2	1.2	1.2
LDET	76.5	**57.6**	**59.5**	**67.2**	**45.9**	**6.2**	**1.9**	**8.1**	**8.3**	**15.7**

んどのクラスでベースラインを上回っていることがわかります。図 6 に検出結果の例を示します。Mask R-CNN は，未知クラスの物体が画像中で顕著に現れている場合でも見落とす傾向があります。一方で LDET はキリン，櫛，ペンなどのオブジェクトにもよく汎化します。

図 6　表 1 の実験における結果の可視化。LDET は，ベースラインのモデルでは検出できなかった多くの物体を検出できていることがわかります。

損失に対する分析

　表 3 に，学習データと用いた損失に関する分析結果を示します。合成画像に対する物体検出損失のみで学習した場合（表内 2 つ目「合成画像で学習」）の精度は非常に低いことが見て取れます。興味深いことに，合成画像の検出損失にマスク損失を追加すると（3 つ目「合成画像で学習*」），性能が改善されます。これは，物体検出タスクと領域分割タスクが高い相関をもつという，LDET における主張を裏づけるものです。そして，合成画像の物体検出損失と実画像のマスク損失を計算することで，最も良い結果が得られています。これらの結果は，LDET の学習方法が，オープンワールドインスタンスセグメンテーションと検出のタスクに非常に適していることを示しています。

表 3　表 1 における，学習データと用いた損失に関する分析。物体検出とマスク損失を計算するために使用されるデータの組み合わせを，実画像と合成画像に関して検討しています。合成画像のみで学習すると性能が大きく低下するのに対し，合成画像で検出損失を計算し，実画像でマスク損失を計算する LDET は最も優れた性能を発揮しています。

比較手法	矩形		マスク		矩形		
	実画像	合成画像	実画像	合成画像	AR_{10}	AR_{100}	$AR^{0.5}$
実画像で学習	✓		✓		8.8	10.9	19.1
合成画像で学習		✓			1.6	4.3	11.7
合成画像で学習*		✓		✓	3.0	9.5	23.8
LDET		✓	✓		**18.2**	**30.8**	**53.2**

4.3　クロスデータセット設定に対する評価

　次に，あるデータセットで学習したモデルを異なるデータセットで評価します。

COCO→UVO における評価

10) このデータセットに含まれる物体のうち，半分以上がCOCO には含まれていないカテゴリーであるとされています。

　続いて COCO を用いてモデルを学習させ，UVO [1][10] をテストデータとして評価を行います。UVO は YouTube 動画をもとに構成され，COCO のカテゴリー以外のカテゴリーを含んだデータセットです。表 4 に，VOC カテゴリーのみで学習した場合と，COCO すべてのカテゴリーで学習した場合の精度を示します。どちらの設定でも，LDET はベースラインを大きく上回っています。VOC-COCO モデルは，COCO で学習した Mask R-CNN を多くの指標で上回っています。これは，LDET が限られたデータからでも効率良く学習していることを示しています。

表4 COCO→UVO における結果。上のブロックは COCO の VOC カテゴリーで学習を行った結果，下のブロックは COCO 全体で学習を行った結果を示します。

比較手法	学習データ	矩形		マスク	
		AP	AR	AP	AR
Mask R-CNN		19.8	30.0	15.5	23.9
Mask R-CNN^P	VOC	19.2	30.1	15.4	24.1
Mask R-CNN^S	(COCO)	19.7	32.0	14.1	25.9
LDET		**22.4**	**43.7**	**18.4**	**36.0**
Mask R-CNN		25.3	42.3	20.6	35.9
Mask R-CNN^P	COCO	24.4	41.9	20.1	35.4
Mask R-CNN^S		23.4	40.5	18.0	34.7
LDET		**25.8**	**47.5**	**21.9**	**40.7**

Cityscape→Mapillary における評価

続いて，車載カメラ画像に対する性能を検証します。Cityscape [11] における 8 つの物体クラス[11] で検出器を学習させ，車だけではなく動物などを含む Mapillary Vista [12] の 35 の物体クラスで評価を行った結果を表 5 に示します。Mapillary Vista は，データを収集している場所や，物体のポーズ，対象カテゴリーが Cityscape と大きく異なるので，非常に難しい設定ですが，LDET はベースラインより高い精度を示しており，LDET がさまざまなデータセットに対して有効であることを示しています。

[11] person, rider, car, truck, bus, train, motorcycle, bicycles。

表5 Cityscape→Mapillary における結果。非常に難しい設定が必要ですが，大きく精度を改善していることがわかります。

比較手法	矩形				マスク			
	AP	AR_{10}	AR_{100}	$AR^{0.5}$	AP	AR_{10}	AR_{100}	$AR^{0.5}$
Mask R-CNN	8.2	7.7	11.1	20.2	7.3	6.1	8.4	16.3
Mask R-CNN^P	6.9	7.4	10.8	19.3	7.5	5.5	7.9	16.3
Mask R-CNN^S	8.3	6.7	13.3	26.9	6.3	5.5	10.2	21.0
LDET	**8.5**	**8.0**	**14.0**	**28.0**	**7.8**	**6.7**	**10.6**	**21.8**

4.4 分析

続いて，LDET の性質をより詳しく分析するための評価を行います。

1 ステージ検出器に対する汎化

1 ステージ検出器に対する汎化を評価するために，RetinaNet [16] と TensorMask [17] を用いてクロスカテゴリー設定において評価を行います。Mask R-CNN と同様に，セグメンテーションの損失を実画像で，物体検出の損失を

表6　1ステージ物体検出器に対する評価。2つの検出器，のどちらに対しても大きく精度を向上させています。実験設定は表1と同様です。

検出器	比較手法	AR_{10}	AR_{50}	AR_{100}
RetinaNet	ベースライン	9.9	15.7	17.8
	LDET	**15.3**	**26.7**	**31.0**
TensorMask	ベースライン	10.6	17.6	19.7
	LDET	**16.3**	**26.8**	**31.1**

合成画像で計算し，学習を行っています。表6から，精度を大きく向上させていることがわかります。フレームワークがシンプルなので，さまざまな検出器に対して簡単に適用できます。

検出結果の可視化

図7にUVOにおける検出結果の可視化を示します。LDETはより多くの物体を検出していますが，同時に非物体領域とも考えられる領域を検出している

図7　表4における検出結果のサンプル。ベースラインのモデルと比較して多くの物体を検出していることがわかります。

ことが見て取れます（右下の画像では，引き出しのノブを検出しています）。これらの領域を物体と見なすかどうかは，アプリケーションによると考えられます。より詳細な評価を行うためには，物体，非物体の曖昧さをアノテーションとして含んだデータセットが求められます。

5　今後の展望：Few-shot，Zero-shot 学習との統合

　本稿では，筆者らが ECCV2022 で提案したオープンワールド物体検出のための手法 "LDET" を紹介しました。LDET では，既存手法の欠点を克服するためのデータ拡張，および学習フレームワークを提案しています。実験において，LDET がさまざまなデータセットおよび物体検出器に対して汎化することが示されています。オープンワールド物体検出に関する研究の課題として，より詳細かつ正確な評価を行うことが挙げられます。4.4 項でも論じたように，既存のデータセットでは，物体，非物体領域の曖昧さを考慮した評価ができません。そして，詳細な評価を行うには，より多くの物体を網羅的にアノテーションしたデータセットの構築が求められます。

　また，LDET のさらなる発展として，検出した物体のカテゴリー識別を行うことが挙げられます。LDET では物体のカテゴリー識別は行えませんが，少数ラベルを用いて新しいカテゴリーを識別する Few-shot な物体検出 [18] や，画像と言語の関係性を学習したモデルによる Zero-shot な物体検出 [19, 20] を LDET に組み合わせることによって，少量のアノテーションデータからモデルの学習が可能になると考えられます。

参考文献

[1] Weiyao Wang, Matt Feiszli, Heng Wang, and Du Tran. Unidentified video objects: A benchmark for dense, open-world segmentation. *arXiv preprint arXiv:2104.04691*, 2021.

[2] Alexander Kirillov, Eric Mintun, Nikhila Ravi, Hanzi Mao, Chloe Rolland, Laura Gustafson, Tete Xiao, Spencer Whitehead, Alexander C. Berg, Wan-Yen Lo, et al. Segment anything. *arXiv preprint arXiv:2304.02643*, 2023.

[3] Kuniaki Saito, Ping Hu, Trevor Darrell, and Kate Saenko. Learning to detect every thing in an open world. In *Computer Vision–ECCV 2022: 17th European Conference, Tel Aviv, Israel, October 23–27, 2022, Proceedings, Part XXIV*, pp. 268–284. Springer, 2022.

[4] Ross Girshick, Jeff Donahue, Trevor Darrell, and Jitendra Malik. Rich feature hierarchies for accurate object detection and semantic segmentation. In *Proc. IEEE Conference on Computer Vision and Pattern Recognition (CVPR)*, 2013.

[5] Jasper R. R. Uijlings, Koen E. A. Van De Sande, Theo Gevers, and Arnold W. M. Smeulders. Selective search for object recognition. *International Journal of Computer*

Vision (IJCV), Vol. 104, No. 2, pp. 154–171, 2013.

[6] Xiaolong Wang, Abhinav Shrivastava, and Abhinav Gupta. A-fast-RCNN: Hard positive generation via adversary for object detection. In *Proc. IEEE Conference on Computer Vision and Pattern Recognition (CVPR)*, 2017.

[7] Joseph Redmon, Santosh Divvala, Ross Girshick, and Ali Farhadi. You only look once: Unified, real-time object detection. In *Proc. IEEE Conference on Computer Vision and Pattern Recognition (CVPR)*, 2016.

[8] Wei Liu, Dragomir Anguelov, Dumitru Erhan, Christian Szegedy, Scott Reed, Cheng-Yang Fu, and Alexander C. Berg. SSD: Single shot multibox detector. In *Proc. European Conference on Computer Vision (ECCV)*, 2016.

[9] Kaiming He, Georgia Gkioxari, Piotr Dollár, and Ross Girshick. Mask R-CNN. In *Proc. IEEE International Conference on Computer Vision (ICCV)*, 2017.

[10] Tsung-Yi Lin, Michael Maire, Serge Belongie, James Hays, Pietro Perona, Deva Ramanan, Piotr Dollár, and Charles L. Zitnick. Microsoft COCO: Common objects in context. In *Proc. European Conference on Computer Vision (ECCV)*, 2014.

[11] Marius Cordts, Mohamed Omran, Sebastian Ramos, Timo Rehfeld, Markus Enzweiler, Rodrigo Benenson, Uwe Franke, Stefan Roth, and Bernt Schiele. The cityscapes dataset for semantic urban scene understanding. In *Proc. IEEE Conference on Computer Vision and Pattern Recognition (CVPR)*, 2016.

[12] Gerhard Neuhold, Tobias Ollmann, Samuel Rota Bulo, and Peter Kontschieder. The Mapillary Vistas Dataset for semantic understanding of street scenes. In *Proc. IEEE International Conference on Computer Vision (ICCV)*, pp. 4990–4999, 2017.

[13] Kaiming He, Xiangyu Zhang, Shaoqing Ren, and Jian Sun. Deep residual learning for image recognition. In *Proc. IEEE Conference on Computer Vision and Pattern Recognition (CVPR)*, 2016.

[14] Tsung-Yi Lin, Piotr Dollár, Ross Girshick, Kaiming He, Bharath Hariharan, and Serge Belongie. Feature pyramid networks for object detection. In *Proc. IEEE Conference on Computer Vision and Pattern Recognition (CVPR)*, pp. 2117–2125, 2017.

[15] Mark Everingham, Luc J. Van Gool, Christopher K. I. Williams, John M. Winn, and Andrew Zisserman. The pascal visual object classes (VOC) challenge. *International Journal of Computer Vision (IJCV)*, Vol. 88, No. 2, pp. 303–338, 2010.

[16] Tsung-Yi Lin, Priya Goyal, Ross Girshick, Kaiming He, and Piotr Dollár. Focal loss for dense object detection. In *Proc. IEEE International Conference on Computer Vision (ICCV)*, pp. 2980–2988, 2017.

[17] Xinlei Chen, Ross Girshick, Kaiming He, and Piotr Dollar. TensorMask: A foundation for dense object segmentation. In *Proc. IEEE International Conference on Computer Vision (ICCV)*, 2019.

[18] Bingyi Kang, Zhuang Liu, Xin Wang, Fisher Yu, Jiashi Feng, and Trevor Darrell. Few-shot object detection via feature reweighting. In *Proc. IEEE International Conference on Computer Vision (ICCV)*, pp. 8420–8429, 2019.

[19] Liunian H. Li, Pengchuan Zhang, Haotian Zhang, Jianwei Yang, Chunyuan Li, Yiwu Zhong, Lijuan Wang, Lu Yuan, Lei Zhang, Jenq-Neng Hwang, et al. Grounded

language-image pre-training. In *Proc. IEEE/CVF Conference on Computer Vision and Pattern Recognition*, pp. 10965–10975, 2022.

[20] Ankan Bansal, Karan Sikka, Gaurav Sharma, Rama Chellappa, and Ajay Divakaran. Zero-shot object detection. In *Proc. European Conference on Computer Vision (ECCV)*, pp. 384–400, 2018.

さいとうくにあき（Boston University）

フカヨミ マルチフレーム超解像
生成にたよらない超解像の進化を追跡！

■前田舜太

■前田舜太

1) 「バースト超解像」とも呼ばれます。

本稿では，複数枚の低解像度画像を用いて1枚の高解像度画像を復元するタスクであるマルチフレーム超解像[1] について紹介します。これに対して，1枚の低解像度画像を入力とする超解像はシングルイメージ超解像と呼ばれます。

1節では，シングルイメージ超解像とマルチフレーム超解像の違いに焦点を当て，実際の出力結果を見ながら両者を比較します。続いて，この分野の全体像をつかんでいただくため，2節と3節では，それぞれシングルイメージ超解像とマルチフレーム超解像のこれまでの研究の流れをできるだけ簡潔に紹介します。最後に，4節では，6本の論文を時系列に沿って読み解くことで，近年のマルチフレーム超解像研究の進展を追っていきます。

1 シングルイメージとマルチフレーム

昨今の画像生成モデルの急速な発展には，目を見張るものがあります。シングルイメージ超解像は，その恩恵を大きく受けているタスクの1つです。

2) iPhone の標準カメラアプリで撮影し，カメラロールに保存された画像を使用しました。

図1 は iPhone 12[2] で撮影された画像 (a) の木の幹と葉の部分（(b) の上部）と名札の文字部分（下部）に対し，シングルイメージ超解像およびマルチフレー

(a) iPhone 12 の写真　(b) 低解像度画像　(c) シングルイメージ　(d) マルチフレーム
　　　　　　　　　　　　　　　　　　　　　 超解像　　　　　　 超解像

図1　シングルイメージ超解像とマルチフレーム超解像の比較

ム超解像を施した例を示しています。まず (c) は，最新の拡散モデル [1] による
シングルイメージ超解像を適用した結果です。上部の画像を見ると，欠損した
情報を拡散モデルの強力な生成力によって補完することで，視覚的に良好な結
果が得られています。

(d) は iPhone 12 でバースト撮影した 50 枚の画像を入力として，マルチフ
レーム超解像を行った結果です[3]。(c) と (d) の上部の画像を比較すると，シン
グルイメージ超解像のほうが（使用する入力画像が少ないにもかかわらず）細
部をうまく復元できているように見えます。これだけの比較だと，近年のシン
グルイメージ超解像の性能の向上によってマルチフレーム超解像が不要になっ
た，ともいえそうです。

次に，(c) と (d) の下部の画像を見てみましょう。シングルイメージ超解像で
は，解像感は向上していますが，小さな文字は読み取れません。一方，マルチ
フレーム超解像では，文字を復元できています。これがシングルイメージ超解
像とマルチフレーム超解像の大きな違いです。

シングルイメージ超解像では，欠けた情報が学習データに基づいて生成され
るため，視覚的に良好な結果が得られるものの，細部の復元は想像に頼ること
になります[4]。他方，マルチフレーム超解像の場合，欠けた情報を複数の入力画
像から集めて補完するため，情報復元の観点において，より優れた結果が得ら
れます。視覚的に好ましい画像を得たいのか，それとも実際の情報を復元した
いのかという目的の違いに応じて，シングルイメージ超解像とマルチフレーム
超解像のどちらを採用するかを検討することが重要です。

2　シングルイメージ超解像ミニマム

シングルイメージ超解像の研究には長い歴史があります。2014 年以前は，ス
パースコーディングを用いた手法[5] が優れた性能を示していましたが，2014 年
に深層学習を用いた手法 [3] が提案され，さらなる性能向上が達成されました。
その後，さまざまな深層学習ベースのアプローチが提案され，年々性能が改善
されています（アップサンプル層の改善，残差ブロックとスキップ接続による
ネットワークの深化，注意機構の適用など）。これらの手法では，入力された低
解像度画像を積層した CNN（convolutional neural network）に通して特徴を
抽出し，アップサンプル層を経て高解像度画像を出力します。スキップ接続を
使用して入力画像の詳細情報を損なわないようにしながら，高周波成分を加え
ていく点が特徴です。

モデル構造の改善と並行して，2017 年頃から実用化に向けた研究も増えてき
ました。実用化のためには，次の 2 つの項目の実現が重要です。

[3] 50 枚の画像から 1 枚を代表
画像として選び，代表画像を
含む 50 枚の画像を使用して超
解像を実施しました。使用し
たモデルは筆者が作成（未公
開）したものです。シングル
イメージ超解像の入力として
は，この代表画像のみを使用
しています。

[4] 復元できない情報を学習デー
タに基づいて生成することは
hallucination とも呼ばれ，機
械学習における一般的な現象
として知られています。知覚
的品質の向上を目的としたシ
ングルイメージ超解像におい
ては，hallucination を適切に
活用することが重要です。

[5] 本稿では，深層学習以前の手
法の説明は割愛します。代表
的なスパースコーディング手
法である A+ の論文 [2] の序
文で，深層学習以前の手法が
簡潔に説明されています。

6) 研究ではバイキュービック補間がよく用いられますが，単なる慣例であり，他の方法でも問題ありません。

- **多様な画像をロバストに処理する**：一般に超解像モデルの学習は，高解像度画像を特定の方法6) で縮小して作成した低解像度画像を入力として，元の高解像度画像を復元するように行われます。しかし，この学習方法では，縮小方法が学習時と異なる画像や縮小過程を経ていない画像をうまく処理できません。この問題に対処するため，GAN（generative adversarial network）を用いて擬似的に低解像度画像を生成する方法 [4] など，さまざまなアプローチが提案されていますが，より簡便かつ安定な方法として，多様な画像劣化過程を人工的に再現する方法 [5] が，実用的には主流になってきている印象です。

- **視覚的に好ましい出力を得る**：当初は，2 つの画像の近さを画素レベルで測る PSNR（peak signal-to-noise ratio）や SSIM（structural similarity index measure）といった評価指標が採用され，単純な L1 ノルムや L2 ノルムが目的関数として用いられました。しかし，L1, L2 ノルムによる最適化の結果は高周波成分に乏しい画像となり，人の目から見ると不満足なものでした。そこで，人が感じる知覚的品質を向上させるために，学習済み認識モデルや GAN を用いた目的関数が提案され，自然画像の統計量に基づいた評価指標が採用されるようになります。

　2021 年に拡散モデルによる超解像手法 [6] が提案されると，知覚的品質において，それ以前の手法とは一線を画する性能が達成されました。知覚的品質の向上を目的とした超解像は，低解像度入力をガイドとした一種の画像生成と見なせるため，今後も生成モデルの発展に伴い性能が向上していくことが予測されます。最近の研究では，多様な画像劣化過程に対してロバストな拡散超解像モデル [7] が提案され，実用性も向上しています。ただし，反復的な処理を必要とする拡散モデルは実行に時間がかかるため，今後の高速化が期待されます。

3　マルチフレーム超解像ミニマム

　マルチフレーム超解像では，複数の低解像度画像を位置合わせして合成することで高解像度画像を復元します。1980 年代から研究されてきた歴史ある分野ですが，本稿では深層学習以前の手法については触れません7)。2019 年に深層学習を活用した手法が提案されて以降，精力的に改善が続けられているものの，シングルイメージ超解像と比較すると，研究の数は多くありません。この理由の 1 つとして，シングルイメージ超解像に比べて，マルチフレーム超解像では学習データに基づく画素推定（あるいは hallucination）の役割が小さく，深層学習を用いることによる恩恵が比較的小さいことが挙げられます。

　マルチフレーム超解像の学習は，入力画像の枚数が異なるという点を除けば

7) 深層学習以前の手法に興味のある方は，少し古めの論文（たとえば [8]）がおすすめです。

シングルイメージ超解像と同様で，end-to-end[8]に実施できます。また，複数枚の入力画像を利用した高精度な復元が可能なため，単純なL1ノルムやL2ノルムを用いた最適化でも，視覚的に良好な結果が得られることが知られています。一般にマルチフレーム超解像のモデル構造は，特徴抽出，位置合わせ，合成，再構成の4つのパートに分けられます。特に位置合わせ処理が重要で，サブピクセルレベルの位置合わせ精度が求められます。再構成のパートでは，シングルイメージ超解像の研究で培われてきたモデル構造が活用されています。

マルチフレーム超解像は，複数の（互いにわずかに位置ずれした）入力画像を必要とするため，シングルイメージ超解像と比べてユースケースが限定されます。通常，バースト撮影により取得した画像を保存する前にマルチフレーム超解像を実施する必要があり，撮影端末上での高速な実行が求められます[9]。しかし，複数枚の画像を扱うため，マルチフレーム超解像の処理は重くなる傾向があります。現在の深層学習を用いた研究では復元精度が重視されており，深層学習以前の手法と比べて優れた結果が得られていますが，高速化のための研究はほとんど行われていません。その結果，実用面ではまだ不十分なものに留まっています。現時点では，深層学習を用いないより高速な手法（たとえば[9]など）が実用上は有利であるといえます。

4　論文でたどるマルチフレーム超解像

本節では，深層学習を活用したマルチフレーム超解像技術の近年の進歩を，6つの論文を時系列順に取り上げて解説します。マルチフレーム超解像の性能向上のためには位置合わせ処理の改善が重要であるため，特にこの点に焦点を当てて説明します。最後に紹介する論文では，従来の位置合わせ処理を見直すことで，位置合わせを用いない独自の手法を提案しており示唆に富むため，特にフカヨミしていきます。

4.1　最初の深層学習手法

Michal Kawulok, et al.: "Deep Learning for Multiple-Image Super-Resolution" (2019) [10]

マルチフレーム超解像において，部分的にではありますが，初めて深層学習を活用した研究です[10]。この研究では，深層学習を用いたシングルイメージ超解像と従来の位置合わせ技術を組み合わせた "shift-and-add" アルゴリズムが提案されています。図2は論文で提案されたアルゴリズムの概略図です。まず，N 枚の低解像度画像 $I^{(l)}$ を一般的なシングルイメージ超解像モデルで処理し，

8) 中間処理や特徴エンジニアリングをせずに，入力から出力へのマッピングを直接学習すること。

9) 画像を保存する際には一般に圧縮してデータサイズを小さくしますが，圧縮によって画像の情報が損なわれると，マルチフレーム超解像の復元精度が大幅に低下してしまいます。

10) この論文以前にも，近いタスクの研究はいくつかあります（たとえば[11]）。

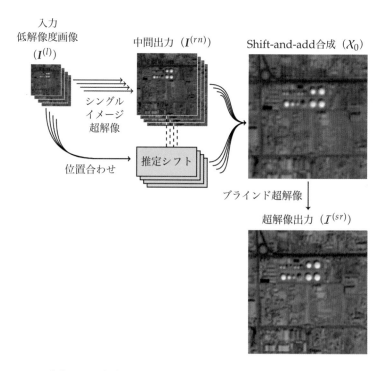

図 2　論文 [10] が提案したアルゴリズムの概略図（[10] より引用して改変）

N 枚の中間出力 $I^{(rn)}$ を得ます．同時に，ベース画像からの位置ずれ量を各 $I^{(l)}$ に対して別途計算しておきます．次に，この位置ずれ量を用いて $I^{(rn)}$ を位置合わせ（shift）し，合成（add）することで，$\mathcal{X}_0$ を得ます．最後に，シングルイメージのブラインド超解像手法[11] を $\mathcal{X}_0$ に適用し，1 枚の超解像画像 $I^{(sr)}$ を出力します．

　既存のシングルイメージ超解像と位置合わせ処理に基づくシンプルな手法であるにもかかわらず，一定の効果が確認されています．ただし，位置合わせ処理を独立して実行しているため，深層学習の最適化能力を最大限に活用することはできていません．論文の著者らも，位置合わせ処理を含めたモデル全体の最適化が次の課題であると述べています．

4.2　End-to-End で最適化

Andrea B. Molini, et al.: "DeepSUM: Deep neural network for Super-resolution of Unregistered Multitemporal images" (2019) [12]

　この論文では，位置合わせ処理を含むマルチフレーム超解像の全工程を end-to-end で学習する手法を提案しています．図 3 はネットワーク構造の概略図で

[11] 画像の劣化過程を仮定せず，任意の入力画像をロバストに処理することを目的とした手法。

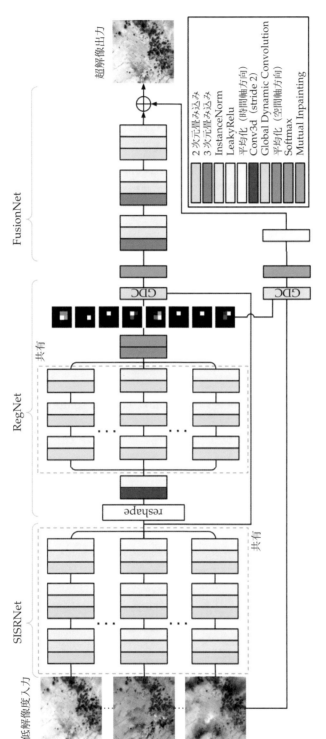

図 3　論文 [12] が提案したネットワーク構造の概略図（[12] より引用して改変）

す[12]）。ネットワークは，個々のフレームの特徴を抽出する SISRNet，位置合わせを行う RegNet，そして位置合わせした特徴を合成して再構成する FusionNet の 3 つのモジュールで構成されています。SISRNet は一般的な ResNet からなり，バイキュービック補間によって所望の超解像倍率に拡大したフレームを入力として特徴を抽出します。RegNet は，抽出された各フレームの特徴を入力として，ベースフレームに対する各フレームの位置ずれ量を出力します。次に，出力された位置ずれ量を用いて Global Dynamic Convolution（GDC）を適用することで，SISRNet の出力特徴および元の入力フレームを位置合わせします。最後に，3D 畳み込みを用いた FusionNet で，位置合わせした各フレームの特徴を合成および再構成し，1 枚の超解像出力を得ます[13]。なお，ネットワーク全体は，GDC によって各フレームを位置合わせし平均化したものとの差分を出力するように学習されます。

この論文で提案された，特徴抽出，位置合わせ，合成，再構成からなるネットワーク構造は，その後のマルチフレーム超解像研究の多くで踏襲されています。この研究以降の性能改善は，主にこれらの各モジュールをより効率的かつ高性能にすることで実現されています。

4.3　ベースラインの構築

Goutam Bhat, et al.: "Deep Burst Super-Resolution" (2021) [13]

この論文では，位置合わせ処理と合成処理の改善を行い，またマルチフレーム超解像のデータセットを整備することで，以降の研究のベースラインを提供しています。提案されたデータセットは，近年の研究で広く利用されており，提案されたモデルの結果も多くの研究で参照されている影響力の大きな論文です。図 4 は，データセットと超解像結果の一例です。シングルイメージ超解像の結果に比べて，この手法は細部をよく復元できていることがわかります。主要な貢献は次の 3 つです。

- 位置合わせの改善：位置合わせの改善のため，オプティカルフローを用いた画素レベルでの処理が提案されています。前項の手法は平行移動のみに対応していましたが，オプティカルフローを用いることで，より多様な動きに柔軟に対応できます。
- 合成処理の改善：合成処理の改善のため，注意機構を用いた適応的な合成手法が提案されています。最大プーリング，平均プーリング，連結（concatenation）などの単純な合成手法を用いた場合との定量比較により，その優位性が確認されています。

低解像度入力

シングルイメージ超解像　　　Burst SR　　　高解像度画像

図 4　論文 [13] が提案した Burst SR による超解像出力と，シングルイメージ
超解像および高解像ターゲット画像の比較（[13] より引用）

- **データセットの提案**：この研究では，スマートフォンの低解像度バースト
撮影とデジタル一眼レフカメラでの高解像度撮影を同時に行って学習デー
タを収集し，両者を位置合わせしたペアから構成される Burst SR データ
セットを作成しています[14]。これは，マルチフレーム超解像タスクにお
ける初の実世界データです。さらに，データセットの不完全な位置合わ
せが原因で超解像出力がぼやけてしまうことを防ぐため，損失（loss）を
計算する前にターゲット画像と超解像出力を位置合わせする方法も考案
しています。

[14] このデータセットは，マルチ
フレーム超解像のコンペティ
ション（NTIRE2021 [14]）で
も使用されています。

4.4 位置合わせの精緻化

Ziwei Luo, et al.: "EBSR: Feature Enhanced Burst Super-Resolution with Deformable Alignment" (2021) [15]

位置合わせが不十分だと，合成処理の性能をどれだけ向上させても効果が得られないため，マルチフレーム超解像において位置合わせ処理の精度はきわめて重要です。この論文では，PCDモジュール（pyramid, cascading, and deformable alignment module）[16] と呼ばれる位置合わせモジュールを拡張した FEPCD モジュール（feature enhanced PCD module）を提案しています[15]。

15) この論文の貢献はこれだけではありませんが，主要な貢献である位置合わせの改善のみ紹介します。

PCD は，ピラミッド状の構造により複数のスケールで特徴マップを抽出し，その抽出した特徴マップをカスケード式に順次位置合わせしていくモジュールです。PCD で用いられる Deformable Convolution（DCN）は，目的に応じて受容野を柔軟に最適化できる畳み込み操作であり，従来のオプティカルフローよりも高精度な位置合わせが実現できます。図5は FEPCD の概略図です。ベース画像から抽出された特徴マップ（図中の橙色部）に対して，各フレームから抽出された特徴マップ（図中の水色部）を FEPCD によりそれぞれ位置合わせします。FEPCD は二重のピラミッド構造を有しており，水色の破線で囲まれて

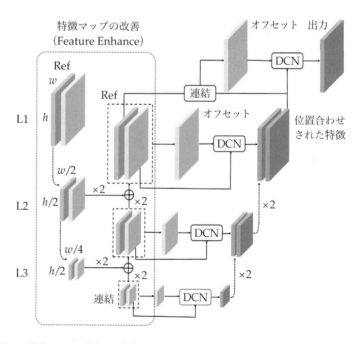

図5　論文 [15] が提案した位置合わせモジュール（FEPCD）の概略図（[15] より引用し翻訳）

いる図中左側のピラミッドで特徴マップからノイズを除去し，図中右側のピラミッドで位置合わせを行います（右側のピラミッドが PCD に対応します）。図中左側のピラミッドにおけるトップダウンフロー（破線矢印）では，3 つの異なる解像度の特徴マップが生成され，それらがボトムアップフローの特徴マップと結合されます。これにより，ノイズが低減されたより良い特徴マップが得られ，図中右側のピラミッド（PCD）で実行される位置合わせがより正確になります[16]。

4.5　大きな位置ずれへの対応

Shi Guo, et al.: "A Differentiable Two-stage Alignment Scheme for Burst Image Reconstruction with Large Shift" (2022) [17]

近年の撮影端末における撮影解像度の向上に伴い，バースト撮影におけるフレーム間の位置ずれ量も大きくなっています。この論文では，大きな位置ずれに対処するために，大まかな位置合わせを行った後に詳細な位置合わせを行う 2 段階の位置合わせ手法を提案しています。

図 6 は，論文で提案されたアルゴリズムの概略図です。まず，微分可能なブロックマッチングアルゴリズムを使用して，パッチ単位での大まかな位置合わせを行います（図 (a)）。次に，DCN を用いて画素レベルでの詳細な位置合わせを行います（図 (b)）。最後に，位置合わせされた特徴を合成して再構成することで，超解像出力を得ます（図 (c)）。この 2 段階の位置合わせアプローチは，大きな位置ずれに対応できるだけではなく，画素レベルの位置合わせのみを用いる場合と比較して（特に位置ずれ量が大きい場合に）計算量を大幅に削減することができます。この論文の最も重要な貢献は，微分可能なブロックマッチングアルゴリズム（differentiable progressive block matching; DPBM）を提案し，2 段階の位置合わせネットワークを end-to-end に学習できるようにした点です。

4.6　位置合わせをなくす試み

Shuwei Shi, et al.: "Rethinking Alignment in Video Super-Resolution Transformers" (2022) [18]

動画超解像においても，マルチフレーム超解像と同様に隣接フレーム間の位置合わせが重要です。この論文では動画超解像における位置合わせ処理の役割を再検討し，従来の考え方を覆す次の 2 つの主張をしています[17]。

16) 論文の著者らは，最初のピラミッドでノイズが除去され，それによって位置合わせ精度が向上すると述べていますが，これは直接的には検証されていません。

17) 動画超解像とマルチフレーム超解像は非常に近いタスクであり，動画超解像で開発された手法がマルチフレーム超解像に適用されることもよくあるため，ここで紹介します。

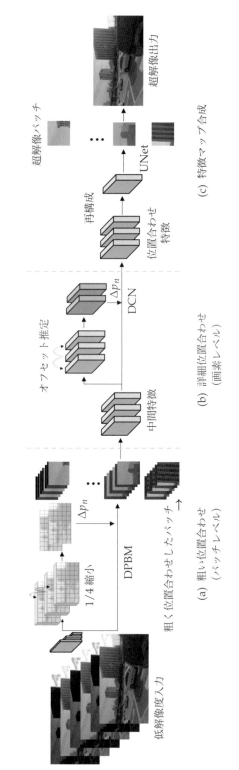

図 6　論文 [17] が提案したアルゴリズムの概略図（[17] より引用し翻訳）

1. Transformer[18] を用いた動画超解像モデルは，位置合わせを行わずにマルチフレーム情報を直接活用できる。

2. 既存の位置合わせ方法は，Transformer を用いた動画超解像モデルにとって有害な場合がある。

これらの観察に基づき，位置合わせモジュールを除去し，大きな注意ウィンドウ[19] を採用することで，Transformer を用いた動画超解像モデル（VSR Transformer）の性能が向上する可能性があります。しかし，そのような設計では計算負荷が大幅に増加し，またウィンドウサイズより大きいフレーム間の動きに対処できません。そこで，この論文では，画素レベルでの位置合わせを行わずに，パッチレベルでの位置合わせ（パッチアライメント）のみを用いた VSR Transformer を提案しています[20]。

主張 1：Transformer では位置合わせは不要

この論文では，LAM（local attribution map）[19] という解釈ツールを用いて，VSR Transformer を分析しています[21]。LAM は，ネットワークの出力に大きく影響する入力画素を特定するための手法です。出力画像上の目標パッチを指定すると，LAM により対応する帰属マップ（入力画像上のマップ）を生成できます。これにより，指定した動画フレームの目標パッチに対して，その隣接フレームのどの画素部分が最も寄与しているかを確認できます。動画内の物体はフレーム間で移動するため，理想的な動画超解像ネットワークはその動きを追跡し，同じ物体を表す画素を活用できるはずです。

図 7 は，LAM の解析結果です。図 (a) の赤枠部分が指定された目標パッチで，この目標パッチに対応する隣接フレーム上の帰属マップが図 (b)〜(d)（それぞれ指定フレーム（中央）とその前後 2 枚ずつの隣接フレーム）に表示されています。位置合わせモジュールがない場合でも，VSR Transformer は関連性の高い画素に注意を向けていることが観察できます（図 (b)）[22]。位置合わせモジュールをもつ VSR CNN も同様に，同じ物体を表す画素を追跡できています（図 (c)）。しかし，位置合わせモジュールを使用していない VSR CNN では，目標パッチの近傍にのみ焦点が当たり，同じ物体を表す画素を追跡できていません（図 (d)）。

これらの結果から，位置合わせは CNN を用いた動画超解像にとっては必須なモジュールであるものの，Transformer を用いた動画超解像モデルは，位置合わせを行わずにマルチフレーム情報を活用できることがわかります。

[18] 画像処理における Transformer は，自然言語処理の分野で発展した Transformer 構造を画像に応用したものです。画像の局所的な特徴に着目する CNN に比べて，Transformer はより全体的な特徴を捉えます。

[19] 注意機構によってこのウィンドウの範囲内でパッチ相関が抽出されます。

[20] 前項の論文ではパッチレベルの位置合わせの後に画素レベルの位置合わせをしていますが，この論文ではパッチレベルの位置合わせのみを用いる手法を提案しています。

[21] 論文中ではこの主張をサポートするために，異なる角度からより詳細な解析も行われています。

[22] この実験では，画素レベルの位置合わせも，パッチレベルの位置合わせ（パッチアライメント）も使用されていません。

(a) 高解像フレーム上の目標パッチ

(b) VSR Transformer（位置合わせなし）

(c) VSR CNN（位置合わせあり）

(d) VSR CNN（位置合わせなし）

図7　論文 [18] が提案した帰属マップによる動画超解像モデルの解析（[18] より引用し翻訳）

主張2：Transformer に有害な位置合わせ

23) この実験ではパッチレベルの位置合わせは使用されていません。

　図 8 23) は，VSR Transformer と VSR CNN について，オプティカルフローによる位置合わせあり／なしの場合で学習した際の学習曲線と，学習されたフロー強度のヒストグラム分布です。学習曲線を見ると，VSR Transformer では，学習初期において位置合わせあり（赤太線）となし（紫太線）とで大きな差が生じていることがわかります。図 (b) 上段において，位置合わせを用いた VSR Transformer の学習が 25,000 回に達すると，フローは徐々にゼロ方向へシフトしていき，50,000 回でフローは完全に消失しています。このとき，VSR Transformer は，位置合わせあり／なしの場合で同等の性能を示しています（図 (a)）。一方，この現象は VSR CNN では現れません（図 (b) 下段）。

　以上から，VSR Transformer のフロー推定器は，フロー値を強制的にすべて 0 にすることで性能を向上させるように学習していることがわかります。これはオプティカルフローによる位置合わせが，Transformer を用いた動画超解像モデルにとって有害であることを意味しています24)。

24) オプティカルフローではなく deformable convolution を位置合わせに使用した場合についても，論文中では検証されています。

パッチアライメントの提案

　不正確な位置合わせによるフレーム情報の損失に対処する 1 つの方法は，位置合わせを使用せず，単に Transformer のウィンドウサイズを大きくすること

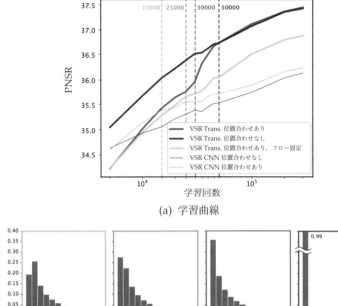

(a) 学習曲線

(b) フロー強度のヒストグラム

図8　VSR Transformer と VSR CNN における位置合わせの学習への影響 ([18] より引用し翻訳)

です。しかし，ウィンドウサイズを大きくすると，計算量が大幅に増加してしまいます（少なくとも $O(n^2)$）。この問題に対処するため，この論文ではパッチアライメントという位置合わせ方法を提案しています。フレーム情報の損失は主に画素レベルの位置合わせによるものであり，パッチレベルで適切に位置合わせができれば，情報損失を防げます。パッチアライメントは，画素間の相対的な関係を維持し，リサンプリング操作によってパッチ内のサブピクセル情報が損壊しないように設計されています[25]。

25) パッチアライメントの詳しい説明は原論文に譲ります。

おわりに

　本稿では，シングルイメージ超解像を含む超解像分野全体の概観から始め，マルチフレーム超解像に関する最新の研究について紹介しました。深層学習を用いたマルチフレーム超解像は，高速化や頑健性の向上といった課題が残されているものの，シングルイメージ超解像では達成できない高精度な画像復元が可能です。本稿がマルチフレーム超解像の実用化に向けた研究開発を推進する一助となれば幸いです。

参考文献

[1] Stable Diffusion 2.0. https://github.com/Stability-AI/stablediffusion.

[2] Radu Timofte, Vincent De Smet, and Luc Van Gool. A+: Adjusted anchored neighborhood regression for fast super-resolution. In *ACCV*, 2015.

[3] Chao Dong, Chen Change Loy, Kaiming He, and Xiaoou Tang. Learning a deep convolutional network for image super-resolution. In *ECCV*, 2014.

[4] Adrian Bulat, Jing Yang, and Georgios Tzimiropoulos. To learn image super-resolution, use a GAN to learn how to do image degradation first. In *ECCV*, 2018.

[5] Xintao Wang, Liangbin Xie, Chao Dong, and Ying Shan. Real-ESRGAN: Training real-world blind super-resolution with pure synthetic data. In *ICCVW*, 2021.

[6] Chitwan Saharia, Jonathan Ho, William Chan, Tim Salimans, David J. Fleet, and Mohammad Norouzi. Image super-resolution via iterative refinement. In *IEEE Transactions on Pattern Analysis and Machine Intelligence*, 2022.

[7] Hshmat Sahak, Daniel Watson, Chitwan Saharia, and David Fleet. Denoising diffusion probabilistic models for robust image super-resolution in the wild. *arXiv preprint arXiv:2302.07864*, 2023.

[8] Lyndsey C. Pickup. *Machine learning in multi-frame image super-resolution*. PhD thesis, Oxford University, UK, 2007.

[9] Bartlomiej Wronski, Ignacio Garcia-Dorado, Manfred Ernst, Damien Kelly, Michael Krainin, Chia-Kai Liang, Marc Levoy, and Peyman Milanfar. Handheld multi-frame super-resolution. In *ACM Transactions on Graphics*, 2019.

[10] Michal Kawulok, Pawel Benecki, Szymon Piechaczek, Krzysztof Hrynczenko, Daniel Kostrzewa, and Jakub Nalepa. Deep learning for multiple-image super-resolution. In *IEEE Geoscience and Remote Sensing Letters*, 2019.

[11] Evgeniya Ustinova and Victor Lempitsky. Deep multi-frame face super-resolution. *arXiv preprint arXiv:1709.03196*, 2017.

[12] Andrea B. Molini, Diego Valsesia, Giulia Fracastoro, and Enrico Magli. DeepSUM: Deep neural network for super-resolution of unregistered multitemporal images. In *IEEE Transactions on Geoscience and Remote Sensing*, 2019.

[13] Goutam Bhat, Martin Danelljan, Luc Van Gool, and Radu Timofte. Deep burst super-resolution. In *CVPR*, 2021.

[14] Goutam Bhat, Martin Danelljan, and Radu Timofte. NTIRE 2021 challenge on burst super-resolution: Methods and results. In *CVPRW*, 2021.

[15] Ziwei Luo, Lei Yu, Xuan Mo, Youwei Li, Lanpeng Jia, Haoqiang Fan, Jian Sun, and Shuaicheng Liu. EBSR: Feature enhanced burst super-resolution with deformable alignment. In *CVPR*, 2021.

[16] Xintao Wang, Kelvin CK Chan, Ke Yu, Chao Dong, and Chen C. Loy. EDVR: Video restoration with enhanced deformable convolutional networks. In *CVPRW*, 2019.

[17] Shi Guo, Xi Yang, Jianqi Ma, Gaofeng Ren, and Lei Zhang. A differentiable two-stage alignment scheme for burst image reconstruction with large shift. In *CVPR*, 2022.

[18] Shuwei Shi, Jinjin Gu, Liangbin Xie, Xintao Wang, Yujiu Yang, and Chao Dong. Rethinking alignment in video super-resolution Transformers. *arXiv preprint arXiv:2207.08494*, 2022.

[19] Jinjin Gu and Chao Dong. Interpreting super-resolution networks with local attribution maps. In *CVPR*, 2021.

まえだ しゅんた（Uchr Technology）

フカヨミ 深層単画像カメラ校正
どんな画像も歪みと傾きを一発補正！

■若井信彦

　製造現場や車，店舗など，さまざまな場所で画像認識・センシング技術の活用が広がっています。これらの応用において，レンズ歪みやカメラの傾きなどのカメラ自身の情報は，その後の性能を左右する非常に重要なパラメータです。これらを明らかにして画像の補正などをすることはカメラ校正と呼ばれ，コンピュータビジョンの歴史の初期から研究されています。近年，深層学習によって認識技術が発展したのと同様に，カメラ校正においても大きな進展がありました。中でも本稿で紹介する「深層単画像カメラ校正」（deep single image camera calibration）は，1枚の一般風景画像のみでカメラを校正できる点が従来と大きく異なり，実応用における利点の大きさから，近年注目されている研究分野の1つです。しかし，たった1枚の画像を入力とするため情報が乏しく，高精度な校正が困難という課題があります。そこで，本稿では深層単画像カメラ校正の研究動向を紹介するとともに，高精度な深層単画像カメラ校正を実現した論文 [1] についてフカヨミしていきます。

1　はじめに

　現在，市中で活用されているカメラには非常に幅広い種類があります。自動車やドローンに設置されるカメラのように，動きの影響が大きいものもあれば，セキュリティカメラに使われる広角カメラや魚眼カメラなどのように，歪みの影響が大きいものもあります。特に産業用途では，画像の歪みや傾きの補正が求められる場合がよくあります。また，走行中の自動車で撮影した画像から校正する場合，どのような画像からでも校正できる頑健性が必要です。本稿で着目する深層単画像カメラ校正は，特殊な校正ツールや校正環境を使うことなく，一般的な風景画像1枚でカメラ校正が可能です。そのため，特に自動車やドローンなどで応用が期待されています。

　人は頭を傾けた際に，特段意識することなく見ている向きを理解し，まっすぐ見た場合と同様に，対象物を正確に認識できます[1]。しかし，傾いた画像を深層学習による認識器などに入力すると，多くの場合，性能が低下します。同様

[1] ただし，上下が逆さになる回転をした場合は，人間でも認識性能が低下します。

に，画像の歪みも認識器の性能低下に繋がります。これは，多くのコンピュータビジョン技術において，入力画像に歪みや傾きがないことが前提になっているためです。たとえば，魚眼カメラの画像の端に写る高層ビルは大きく歪み，高層ビルと認識することが困難です。この性能低下を防ぐ手段として，以下の2点が挙げられます。

(1) カメラ校正により画像の歪みや傾きを補正する。

(2) 認識技術自体を画像の歪みや傾きに対して頑健にする。

(2) は認識タスクごとに頑健な手法の検討が必要です。一方，(1) のカメラ校正による補正は，前処理としてタスクを問わずに共通利用できる利点があります。

図1に，本稿でこれから紹介していく深層単画像カメラ校正技術の典型的なパイプラインを示します。ディープニューラルネットワークで推定したカメラパラメータを用い，画像の歪みと回転をリマップ[2]で補正するという実にシンプルな構成です。

2節では，カメラモデルと，多数あるカメラ校正法を深層学習の利用に着目して分類した結果，そしてカメラ校正における課題について説明します。3節では，その課題に対処したことで ECCV 2022 に採択された，高精度な深層単画像カメラ校正法 [1] についてフカヨミします。最後に，深層単画像カメラ校正の今後の研究動向について考察し，本稿をまとめます。

[2] リマップは入力画像と出力画像の画像座標の対応を決める関数を用いて，画像を合成することです。

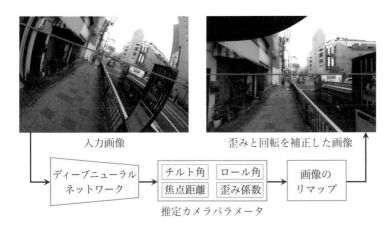

図1 深層単画像カメラ校正技術の典型的なパイプライン。ディープニューラルネットワークでチルト角，ロール角，焦点距離，と歪み係数を推定します。これらのカメラパラメータを画像のリマップに用いて，歪みと回転を補正します。

2　カメラ校正の分類と課題

　カメラ校正法は，大きく 2 つに分類することができます。1 つは被写体の 3 次元空間における長さや方向などを使用する，幾何に基づく校正法，もう 1 つは深層学習を使用する，学習に基づく校正法です。さらに，幾何に基づく校正法は，校正指標と呼ばれるチェッカーパターンなどの特別な被写体を用いる手法と，一般風景画像を用いる手法に分類できます。

2.1　カメラモデル

　カメラは多数のレンズからなる複雑な構造をもち，扱いにくいため，カメラモデルと呼ばれる単純化したモデルを考えます。このモデル化において，被写体が存在する 3 次元座標（世界座標と呼ばれます）のある点が，画像左上を原点とする 2 次元座標（画像座標と呼ばれます）におけるどの点に投影されるかを考えます。以下で，世界座標と画像座標の関係を代表的なモデル[3] で説明します。

　図 2 に被写体の世界座標から画像座標へのカメラモデルを用いた投影を示します。この投影を行列の積のみで表現するために，画像座標 $\mathbf{u} = (u, v)^{\top}$ と世界座標 $\mathbf{p} = (X, Y, Z)^{\top}$ を同次座標系で考えます。同次座標系の画像座標 $\tilde{\mathbf{u}} = (u, v, 1)^{\top}$ と世界座標 $\tilde{\mathbf{p}} = (X, Y, Z, 1)^{\top}$ は，それぞれ 1 を末尾に追加した 1 次元大きい座標です。ここで，世界座標から画像座標への変換を外部パラメータと内部パラメータの積で表現します。外部パラメータは世界座標の基準に対するカメラの回転と並進で，それぞれ 3 次元回転行列 $\mathbf{R}$ と並進ベクトル $\mathbf{t} = (X_0, Y_0, Z_0)^{\top}$ で

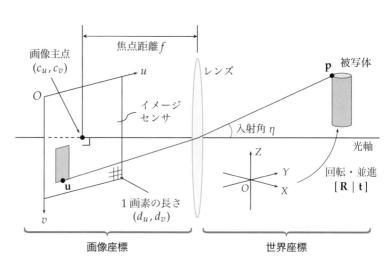

図 2　世界座標から画像座標への投影。被写体の世界座標 $\mathbf{p}$ からの光はレンズを通過し，イメージセンサへ投影され，画像座標 $\mathbf{u}$ となります。

[3] イメージセンサの平行四辺形状の歪みを考慮するモデルも存在しますが，近年の半導体加工精度を考慮すると，イメージセンサは長方形と見なせます。また，光軸非対称のレンズ歪みモデルもありますが，深層単画像カメラ校正では，一般的に光軸対称なモデルを使用します。

表現され，回転と並進を合わせて [**R** | **t**] となります。世界座標の基準は，特定の建物や現在地などで任意に決定できます。内部パラメータはカメラの内部構造に基づくパラメータで，行列 **K** としてレンズやイメージセンサを表現します。したがって，同次座標系における世界座標から画像座標への変換は

$$\tilde{\mathbf{u}} = \mathbf{K} [\ \mathbf{R}\ |\ \mathbf{t}\ ] \tilde{\mathbf{p}} \tag{1}$$

で表せます。内部パラメータ **K** は，光軸に沿って入射した光が投影される画像主点と呼ばれる画像座標 (c_u, c_v) と，イメージセンサの 1 画素の長さ (d_u, d_v)，およびレンズ歪みを表す関数値 γ を用いて

$$\mathbf{K} = \begin{bmatrix} \gamma/d_u & 0 & c_u \\ 0 & \gamma/d_v & c_v \\ 0 & 0 & 1 \end{bmatrix} \tag{2}$$

と表されます。添字 u, v はそれぞれ水平方向と垂直方向を表します。

　代表的な一般カメラモデルである，Kannala のカメラモデル [2] では，γ は

$$\gamma = \tilde{k}_1 \eta + \tilde{k}_2 \eta^3 + \tilde{k}_3 \eta^5 + \cdots \tag{3}$$

と表されます。ここで，η は入射角と呼ばれる被写体からの光と光軸とのなす角であり，$\tilde{k}_1, \tilde{k}_2, \tilde{k}_3, \ldots$ は歪み係数を表し，多項式の次数は使用者が決定します。また，魚眼カメラモデルでは，三角関数を用いて

$$\gamma = \begin{cases} 2f \tan(\eta/2) & \text{(i)} \\ f\eta & \text{(ii)} \\ 2f \sin(\eta/2) & \text{(iii)} \\ f \sin \eta & \text{(iv)} \end{cases} \tag{4}$$

となります。ここで f は焦点距離を表し，(i) は立体射影（stereographic projection），(ii) は等距離射影（equidistance projection），(iii) は等立体角射影（equisolid angle projection），(iv) は正射影（orthogonal projection）と呼ばれています。カメラモデルが未知の場合は一般カメラモデルを使用し，カメラモデルが既知の場合は該当するモデルを使用します。

　上記のように，複雑な構造をもつカメラの投影を数個のカメラパラメータでモデル化できます。これにより，被写体の世界座標と画像座標の関係が明らかになります。

2.2　幾何に基づくカメラ校正法

　コンピュータビジョンの歴史の初期から研究されている，幾何に基づくカメラ校正法について説明します。カメラパラメータが既知の場合，式 (1) に基づき

4) レーベンバーグ・マルカート法などで最適化します。

5) 直線道路を走行中に進行方向の無限遠を見ると，ある1点に収束します。このような収束点は消失点と呼ばれます。

世界座標から画像座標への変換ができます。逆に，世界座標と画像座標の組が複数ある場合，その変換を満たすカメラパラメータを計算できます。実際の計算では，非線形最適化[4]でカメラパラメータを決定します。この世界座標と画像座標の組を使用する手法に加えて，複数の曲線に基づく手法や，消失点[5]を用いる手法を含め，「幾何に基づくカメラ校正法」と呼ばれ，前述したように，次の2種類に大別されます。

校正指標を用いる手法

世界座標と画像座標の組は，チェッカーパターンなどの校正指標で取得できます。大きさが既知のチェッカーパターンを使用する場合，白マスと黒マスの交点の世界座標はチェッカーパターン上の等間隔な点として計算でき，対応する画像中の交点は交点検出器で得られます。チェッカーパターンなどの板状の校正指標を使用する手法 [3] や，箱状の校正指標を使用する手法 [4] が提案されています。校正指標を用いる手法は高い精度を発揮しますが，校正を実施できる場所が実験室や工場などに限定されます。

校正指標を用いない手法

歪みのある画像から複数の曲線を検出し，それらの曲線の形状に基づき歪みを補正する手法 [5, 6] が提案されています。また，世界座標の X 軸・Y 軸・Z 軸に対応する消失点の画像座標から，カメラを校正する手法 [7, 8] もあります。これらの手法では，一般風景画像 1 枚から校正できます。しかし，画像中の複数の曲線を円弧検出器で取得するため，人工物が少ない画像では精度が低下します。

2.3 学習に基づくカメラ校正法

ここでは，一般風景画像を校正に使えることから近年注目されている，学習に基づくカメラ校正法について説明します。画像に写る曲線などを用いる幾何に基づくカメラ校正法とは異なり，深層単画像カメラ校正法は，畳み込みニューラルネットワークなどで抽出した画像特徴量をカメラ校正に使用します。

外部パラメータのみの推定法

レンズ歪みを考慮せず，カメラの外部パラメータのみを推定する手法 [9, 10, 11, 12] が提案されています。これらの手法は外部パラメータを推定できますが，レンズ歪みを考慮しないため，広角カメラや魚眼カメラを正確に校正できません。また，内部パラメータは，設計値を使うか，別の手法で決定する必要があります。

内部パラメータのみの推定法

外部パラメータを考慮せず，画像の歪みのみを補正する手法です。回帰[6]で推定したカメラパラメータを用いて画像補正する手法 [13, 14] が提案されています。加えて，生成器を用いて歪みのない画像を直接出力する手法 [15, 16, 17] もあります。生成器を使用する手法は内部パラメータを推定しませんが，内部パラメータを推定する手法と同様に，歪みのない画像を取得できます。これらの手法は外部パラメータを推定しないため，カメラの傾きは補正できません。

外部パラメータと内部パラメータの推定法

López-Antequera らが，初めて深層単画像カメラ校正で外部パラメータと内部パラメータを同時に推定する手法 [18] を提案しました。レンズ歪みは Brown の多項式モデル [19] を使用し[7]，2 次の歪み係数，焦点距離，チルト角，およびロール角を推定しました。しかし，Brown の多項式モデルを使用するため，魚眼カメラは正確に校正できません[8]。

Wakai らは，等立体角射影を使用することで視野角 180° 以上に対応する手法 [20] を ICCVW'21 で提案しましたが，この手法は等立体角射影以外のカメラでは精度が低下します。

外部パラメータと内部パラメータを同時に推定できる従来の深層単画像カメラ校正法は，視野角が 180° 未満の歪みの小さいレンズか，等立体角射影の魚眼カメラに限定された手法です。そのため，一般カメラモデルを用いて，さまざまなカメラを校正することはできません。

3　深層単画像カメラ校正用のカメラモデル

高精度な深層単画像カメラ校正を実現した論文 [1] について説明します。まず，深層学習に適するカメラモデルを解説します。次に，校正法について述べます。そして，損失関数を紹介します。最後に，実験結果を示します。

3.1　深層学習に適するカメラモデル

式 (3) で示した Kannala のカメラモデル [2] は，多項式の最適な次数の決定が難しく，学習に基づく校正法に適しません。幾何に基づく校正法では，次数に余裕をもたせるため，5 次以上の高次多項式が使用されることもよくあります。しかし，学習に基づくカメラ校正では，係数の個数と同じ個数の回帰器（regressor）を使用する構造が一般的で，係数の個数が増加すると学習が困難になります。ここで，式 (4) に着目すると，入射角 η の奇数乗の項を使用するテイラー級数展開ですべて表現できることがわかります。これらの 1 次の項は等しく，3 次

[6] カメラパラメータの値を直接推定する場合と，カメラパラメータを正規化し，0 から 1 の範囲で推定する場合があります。

[7] López-Antequera の手法では，Brown の多項式モデルの画像座標値は焦点距離で正規化されます。

[8] 歪み計算には，透視投影モデルにおける画像主点からの距離が必要です。しかし，透視投影モデルは魚眼カメラの視野角 180° 以上の入射光を扱えません。したがって，López-Antequera の手法に視野角 180° 以上の魚眼画像を入力した場合，視野角 180° 未満の Brown の多項式モデルで表現することにより，歪み補正に誤差が生じます。

以降の係数のみが異なります。したがって，式 (4) のカメラモデルを表現する
には少なくとも 3 次の項が必要であるため，Wakai のカメラモデル [1] は

$$\gamma = f\left(\eta + k_1 \eta^3\right) \tag{5}$$

となります。ここで k_1 は歪み係数です。式 (4) のテイラー級数展開の 3 次の係
数の最小値と最大値から歪み係数の範囲を決定できるため[9]，効率的な学習がで
きます。また，焦点距離 f が明に定義されているため，回帰器で焦点距離が推
定しやすいと考えられます。一方，Kannala のカメラモデルの歪み係数は，焦
点距離が切り分けられないため，学習が困難です。Wakai のカメラモデルの精
度評価と計算容易性について説明します。

精度評価

　Wakai のカメラモデルと魚眼カメラの三角関数モデルを比較するため，Wakai
のカメラモデルと各モデルの差の絶対値を入射角 0 から $\pi/2$ の範囲で積分しま
す。このモデルの差は

$$\epsilon = \frac{1}{\pi/2} \int_0^{\pi/2} | g_1(\eta) - g_2(\eta) | \, d\eta \tag{6}$$

となります。ここで g_1 と g_2 はカメラモデルです。モデルの差は画像座標での
絶対値誤差の平均で，この値が小さいほどカメラモデルの精度が高くなります。
表 1 にモデルの差 ϵ を示します。Wakai のカメラモデルは誤差が小さく，4 種
類の魚眼カメラモデルに対して 0.54 画素以下でした。

表 1　魚眼カメラモデルに対する絶対値誤差の比較 ([1] から引用し翻訳)

参照モデル[1]	平均絶対値誤差〔ピクセル〕			
	STG	EQD	ESA	ORT
立体射影（STG）	–	9.33	13.12	93.75
等距離射影（EQD）	9.33	–	3.79	23.58
等立体角射影（ESA）	13.12	3.79	–	14.25
正射影（ORT）	93.75	23.58	14.25	–
統一球状モデル（unified spherical model）[21]	0.71	0.19	0.00	0.51
Wakai のカメラモデル [1]	**0.54**	**0.00**	**0.02**	**0.35**

[1] 各参照モデルと他の魚眼モデルとの比較

計算容易性

　学習には，画像座標から世界座標への逆投影の計算が必要です。これは式 (1)
の逆変換となります。この逆投影では，入射角 η の方程式を解く必要がありま
す。アーベル・ルフィニの定理より，4 次以下の方程式は閉形式[10]で解くこと

[9] 式 (4) の魚眼カメラモデルに
加えて，透視投影モデルを含め
た歪み係数の最小値と最大値か
ら，範囲は –1/6 から 1/3 に決定
できます。

[10] 閉形式は四則演算や累乗計
算などで計算できる式です。

ができます。そのため，3次の多項式である Wakai のカメラモデルの逆投影は，反復計算などを使う必要がなく，高速かつ容易に計算できます[11]。

3.2　さまざまなカメラに対応する深層単画像カメラ校正法

Wakai のカメラモデルを用いて，さまざまな画像の歪みに対応した Wakai の手法 [1] について説明します。

図 3 に示すように，入力画像（左上）の特徴量を DenseNet-161 [22] で抽出し，独立した 4 個の回帰器[12] に入力します。推定するカメラパラメータは，チルト角 θ，ロール角 ψ，焦点距離 f，歪み係数 k_1 で，いずれも範囲は 0 から 1 に正規化されます。水平線を基準に回転角を考えるため，チルト角とロール角の基準はありますが，パン角の基準はありません。そのため，パン角は推定する必要がありません。また，横長の画像に対しては，アスペクト比を維持せずに縮めることで正方形の入力画像にします。これにより，アスペクト比が 16 : 9 や 4 : 3 などの画像でも，問題なく校正できます。

11) カルダノの公式と呼ばれる 3 次方程式の解の公式で計算できます。実数解が 3 個存在する場合は，真ん中の大きさの解を使用します。また，複素数計算を複素平面上の三角関数の計算で回避することで，効率良く GPU で計算できます。

12) 回帰器は 2 層の全結合層です。

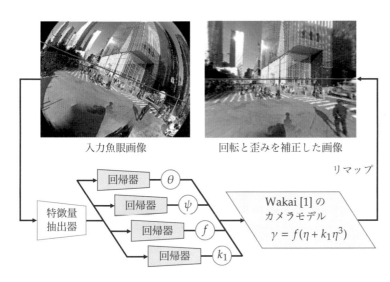

図 3　Wakai の手法の概念図（[1] から引用し翻訳）。入力画像 1 枚から抽出した特徴量に基づき，4 個の回帰器でチルト角 θ，ロール角 ψ，焦点距離 f，歪み係数 k_1 を推定し，回転と歪みを補正した画像を取得します。

3.3　調和非格子ベアリング損失

試行錯誤で調整する重み係数の探索を必要とせず，効率的な学習を実現した損失関数について説明します。カメラの回転角と焦点距離では，角度と長さで次元が異なり，一般的な 2 乗誤差では適切に評価できません。そのため，Wakai らは非格子ベアリング損失関数（non-grid bearing loss function）[20]（ICCVW'21）

$$L_\alpha = \frac{1}{n} \sum_{i=1}^{n} \mathrm{Huber}(||\mathbf{p}_{\alpha_i} - \hat{\mathbf{p}}_i||_2) \tag{7}$$

を提案しています。ここで，n は評価用のサンプルの点数，Huber(·) は Huber 損失 [23] を表し，$\hat{\mathbf{p}}$ と $\mathbf{p}_\alpha$ はそれぞれ真値（GT）と推定値のカメラパラメータで投影した単位球面上の世界座標です。また，α は推定値を使用するカメラパラメータを表します。たとえば，チルト角 θ に対する計算において，チルト角以外のカメラパラメータには真値を使用します。重み付き和として，損失関数全体は

$$L = w_\theta L_\theta + w_\psi L_\psi + w_f L_f + w_{k_1} L_{k_1} \tag{8}$$

となります。ここで，w は重み係数を表し，添字はカメラパラメータです。最適な重み係数を試行錯誤で探すことは計算コストの観点で困難なため，従来は 1/4 などの同じ値がすべての重み係数に使用されていました。

　上記の課題を解決するため，Wakai らは損失地形に対して学習結果を用いる代わりに，数値シミュレーションで損失地形を解析できることを発見しました [1]。解析において重要なのは，非格子ベアリング損失関数の計算を 2 つのステップに分解することです。第一のステップで画像からカメラパラメータを推定し，第二のステップで，真値と推定値のカメラパラメータでサンプル点を単位球面に投影し，誤差を計算します。第一のステップは，画像ごとにカメラパラメータの推定値が異なり，解析が困難です。一方，第二のステップは画像に依存しないため，解析可能です。

　図 4 (a) は，第二のステップにおける正規化したカメラパラメータの損失地形

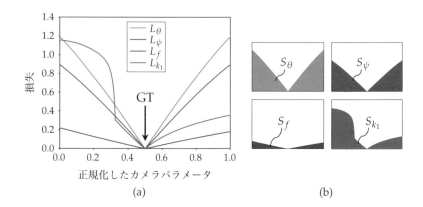

図4　カメラパラメータに対する非格子ベアリング損失関数の差異（[1] から引用し翻訳）。(a) 真値を 0.5 とする正規化したカメラパラメータの損失地形（loss landscape）を表します。(b) 面積 S は (a) に示す非格子ベアリング損失関数を 0 から 1 の範囲で積分することで計算します。

を示します。この正規化は，各カメラパラメータのとりうる範囲を 0 から 1 にします。真値 0.5 においてカメラパラメータの損失は 0 になり，真値から離れると損失が増加します。推定する 4 個のカメラパラメータを比較すると，焦点距離 f の損失が最小です。したがって，焦点距離が最も学習しにくいカメラパラメータと考えられます。

　図 4 (b) に示す，損失を 0 から 1 の範囲で積分した面積 S が，学習の困難さを表します。そのため，面積 S が小さいカメラパラメータには，大きな重み係数を使用することが学習に有効です。実用的な重み係数として，面積 S の逆数を重み係数に使用します。重み係数の総和が 1 になるように正規化した重み係数 w は

$$w_\alpha = \frac{\tilde{w}_\alpha}{W} \tag{9}$$

となります。ここで，$\tilde{w}_\alpha = 1/S_\alpha$，$W = \sum_\alpha \tilde{w}_\alpha$ です。式 (9) の重み係数を使う損失関数を調和非格子ベアリング損失 (harmonic non-grid bearing loss; HNGBL) [1] と呼びます。従来法と大きく異なり，この重み係数は学習前に決定できるため，試行錯誤による重み係数の調整が不要になります。

3.4　合成画像と実画像における評価

　ここでは，Wakai のカメラモデル [1] の実験結果を示します。

　大規模パノラマ画像データセットの StreetLearn [24] と SP360 [25] を用いて，訓練画像とテスト画像を作成しました。真値のカメラパラメータを乱数で生成し，そのカメラパラメータを用いてパノラマ画像から魚眼画像を作成できます。これらの合成画像に加えて，実画像を評価に使用しました。この実画像は 6 台の市販の魚眼カメラを用いて，京都の屋外で撮影しました。市販カメラはさまざまで，一眼レフカメラ，ミラーレス一眼レフカメラ，マシンビジョンカメラ，および 360° カメラを使用しました。紙面の都合上，合成画像の作成手順や使用したカメラなどの実験条件の詳細は省略します。

パラメータ誤差と再投影誤差

　カメラパラメータの推定精度を検証するため，表 2 に示す真値と推定値のカメラパラメータの誤差を評価しました。絶対値誤差と画像座標での距離誤差を表す再投影誤差（REPE）[20] において，Wakai の手法 [1] の誤差が最小でした。López-Antequera の手法 [18] は魚眼レンズを正確に表現できない Brown の多項式モデルを使用しているため，魚眼画像で精度が落ちる傾向がありました。このように，Wakai の手法は，従来法に比べて高い精度で外部パラメータと内部パラメータを推定しました。

　チルト角とロール角への HNGBL が効果的で，両者の平均で誤差が 2.81° 減

表 2　一般カメラモデルのテスト画像における絶対値誤差と再投影誤差の比較（[1] から引用し翻訳）

| 手法 | StreetLearn | | | | |
| | 平均絶対値誤差 ↓ | | | | |
	チルト角 θ〔deg〕	ロール角 ψ〔deg〕	f〔mm〕	k_1	REPE ↓〔ピクセル〕
López-Antequera [18]	27.60	44.90	2.32	–	81.99
Wakai [20]	10.70	14.97	2.73	–	30.02
Wakai [1] w/o HNGBL[1]	7.23	7.73	0.48	0.025	12.65
Wakai [1]	**4.13**	**5.21**	**0.34**	**0.021**	**7.39**

[1] "Wakai [1] w/o HNGBL" は HNGBL の代わりに非格子ベアリング損失を使用 [20]

少しました．また，カメラパラメータ全体の誤差を表現する再投影誤差では，5.26 画素減少しました．このことから，HNGBL は焦点距離だけではなく，歪み係数，チルト角，およびロール角の精度向上にも寄与したことがわかります．

歪み補正性能の比較

　画像の歪み補正性能を検証するため，ピーク信号対雑音比（peak signal-to-noise ratio; PSNR）で内部パラメータを評価しました．この PSNR はデシベルで表され，画質が高いほど値が大きくなります．

　表 3 は，式 (4) の 4 種類の魚眼のカメラモデルで作成した画像に対する PSNR の比較を示しています．Wakai の手法の PSNR が最も高く，従来法より歪み補正性能に優れていました．正射影の PSNR の低下はありますが，Wakai の手法

表 3　魚眼カメラの三角関数モデルのテスト画像における平均 PSNR の比較（[1] から引用し翻訳）

| 手法 | StreetLearn | | | | |
	立体射影	等距離射影	等立体角射影	正射影	すべて
Alemán-Flores [5]	13.23	12.25	11.70	9.72	11.72
Santana-Cedrés [6]	14.68	13.20	12.49	10.29	12.66
Liao [26]	13.63	13.53	13.52	13.74	13.60
Yin [14]	13.81	13.62	13.59	13.77	13.70
Chao [15]	15.86	15.12	14.87	14.52	15.09
Bogdan [13]	14.55	14.43	14.46	14.71	14.54
Li（GeoNetS-$\mathcal{B}$）[27]	16.37	15.41	15.07	14.58	15.36
López-Antequera [18]	17.84	16.84	16.43	15.15	16.57
Wakai [20]	22.39	23.62	22.91	17.79	21.68
Wakai [1] w/o HNGBL[1]	26.49	29.08	28.56	**23.97**	27.02
Wakai [1]	**26.84**	**30.10**	**29.69**	23.70	**27.58**

[1] "Wakai [1] w/o HNGBL" は HNGBL の代わりに非格子ベアリング損失を使用 [20]

は4種類のカメラモデルに対応できたと考えられます．このように，Wakai の手法はさまざまな魚眼カメラを校正できる可能性が高いことがわかります．

定性評価

　カメラ校正の精度を検証するため，推定したカメラパラメータを用いた歪みと傾きの補正画像で評価しました．図5に，一般カメラモデルのテスト画像を用いた定性評価結果を示します．Wakai の手法が最も真値の画像に近い補正画像を生成しました．図5 (a) において，従来法は大きな歪みを含む円周魚眼画像[13] において補正性能が低下し，特に Alemán-Flores [5]，Santana-Cedrés [6]，Liao [26]，Yin [14]，Chao [15]，Li [27] で画質が低い傾向が示されました．また，図5 (b) では，López-Antequera [18] と Wakai [20]（ICCVW'21）の手法は，歪み補正の点では真値画像に近いですが，傾き補正の誤差が大きい傾向でした．従来法と異なり，Wakai の手法は建物の一部が写るズームインの画像と高層ビル全体が写るズームアウトの画像の両方を補正できており，画像の拡大率に対する頑健性が確認できました．

　実カメラの複雑なレンズ歪みに対する性能を検証するため，市販の魚眼カメラを評価に使用しました．図6に市販カメラの定性評価結果を示します．López-Antequera の手法は歪みとカメラの傾き推定に誤差があり，Wakai（ICCVW'21）の手法はカメラの傾き推定に誤差がありました．一方，Wakai の手法は4種類の魚眼カメラモデルに対して正確な補正を行いました．このように，Wakai の手法は，さまざまなカメラに対応する高精度な深層単画像カメラ校正法であることがわかります．

おわりに

　本稿では，1枚の入力画像のみで歪みと傾きを高精度に校正する手法をフカヨミしました．この深層単画像カメラ校正では，チェッカーパターンなどの特殊な校正指標は必要ありません．今あなたのスマートフォンに入っているたった1枚の風景画像から，画像の歪みや傾きの補正を可能にします．特に工場・店舗や車載のカメラは，製造時に校正した後に再校正するには，修理工場に送る必要があります．しかし，深層単画像カメラ校正の性能が上がることで，運用中や走行中に自動的に再校正を行うことも可能になるでしょう．深層学習での使用を考慮した Wakai のカメラモデルは，焦点距離と3次の歪み係数のみで，4種類の魚眼カメラを小さな誤差で表現しました．さらに，損失関数の重み係数を数値シミュレーションで学習前に決定する HNGBL を使用し，試行錯誤による重み係数の探索を不要にしました．

[13] 円周魚眼画像は，イメージサークルの外側が黒い領域として画像に含まれる魚眼画像のことです．逆に，この黒い領域を含まない魚眼画像は対角魚眼画像と呼ばれます．

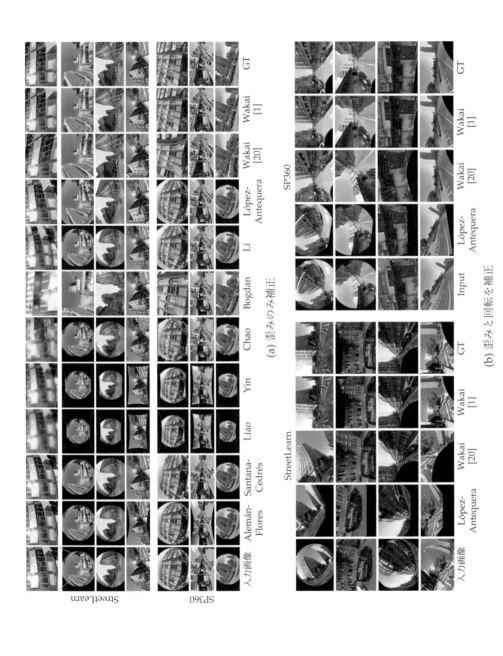

図5　一般カメラモデルのテスト画像における定性評価（[11] から引用し翻訳）。(a) 左から右に，入力画像，比較手法 [5, 6, 26, 14, 15, 13, 27, 18, 20] による歪み補正結果，Wakai の手法 [1] の補正結果，真値画像です。(b) 左から右に，入力画像，比較手法 [18, 20] による歪みと回転の補正結果，Wakai の手法 [1] の補正結果，真値画像です。StreetLearn [24] と SP360 [25] で学習したディープニューラルネットワークの結果を左右に示しています。

ID 1
等立体角射影

ID 2
等立体角射影

ID 3
等立体角射影

ID 4
正射影

ID 5
等距離射影

ID 6
立体射影

入力画像　López-
Antequera　Wakai [20]　Wakai [1]

(a) StreetLearn で学習したネットワーク

入力画像　López-
Antequera　Wakai [20]　Wakai [1]

(b) SP360 で学習したネットワーク

図 6　市販魚眼カメラにおける歪み補正と回転補正の定性評価（[1] から引用し翻訳）。左から右に、入力画像、比較手法 [18, 20] による歪みと回転の補正結果、Wakai の手法 [1] の補正結果です。カメラ ID は [1] に記載の ID と同じです。StreetLearn [24] と SP360 [25] で学習したディープニューラルネットワークの結果を (a) と (b) に示しています。

今後，深層単画像カメラ校正の精度と頑健性のさらなる向上が予想されます。京都で撮影された実カメラ画像の校正精度は，合成画像よりも低い実験結果でした。この精度低下は，学習に使用したマンハッタンの画像との撮影環境の違いにより生じたと考えられます。このような実環境への応用時に生じる課題を解決し，人々のより良いくらしに役立つカメラの校正技術のために，筆者は貢献していきたいと考えています。本稿を通じて，深層単画像カメラ校正に興味をもっていただければ幸いです。

参考文献

[1] Nobuhiko Wakai, Yasunori Ishii, Satoshi Sato, and Takayoshi Yamashita. Rethinking generic camera models for deep single image camera calibration to recover rotation and fisheye distortion. In *Proceedings of the European Conference on Computer Vision*, Vol. 13678, pp. 679–698, 2022. Springer.

[2] Juho Kannala and Sami S. Brandt. A generic camera model and calibration method for conventional, wide-angle, and fish-eye lenses. *IEEE Transactions on Pattern Analysis and Machine Intelligence*, Vol. 28, No. 8, pp. 1335–1340, 2006.

[3] Zhengyou Zhang. A flexible new technique for camera calibration. *IEEE Transactions on Pattern Analysis and Machine Intelligence*, Vol. 22, No. 11, pp. 1330–1334, 2000.

[4] Roger Y. Tsai. A versatile camera calibration technique for high-accuracy 3D machine vision metrology using off-the-shelf TV cameras and lenses. *IEEE Journal of Robotics and Automation*, Vol. 3, No. 4, pp. 323–344, 1987.

[5] Miguel Alemán-Flores, Luis Alvarez, Luis Gomez, and Daniel Santana-Cedrés. Automatic lens distortion correction using one-parameter division models. *Image Processing On Line*, Vol. 4, pp. 327–343, 2014.

[6] Daniel Santana-Cedrés, Luis Gomez, Miguel Alemán-Flores, Agustín Salgado, Julio Esclarín, Luis Mazorra, and Luis Alvarez. An iterative optimization algorithm for lens distortion correction using two-parameter models. *Image Processing On Line*, Vol. 6, pp. 326–364, 2016.

[7] Yaroslava Lochman, Oles Dobosevych, Rostyslav Hryniv, and James Pritts. Minimal solvers for single-view lens-distorted camera auto-calibration. In *Proceedings of the IEEE Winter Conference on Applications of Computer Vision*, pp. 2886–2895, 2021.

[8] James Pritts, Zuzana Kukelova, Viktor Larsson, and Ondřej Chum. Radially-distorted conjugate translations. In *Proceedings of the IEEE/CVF Conference on Computer Vision and Pattern Recognition*, pp. 1993–2001, 2018.

[9] Zhaoyang Huang, Yan Xu, Jianping Shi, Xiaowei Zhou, Hujun Bao, and Guofeng Zhang. Prior guided dropout for robust visual localization in dynamic environments. In *Proceedings of the IEEE/CVF International Conference on Computer Vision*, pp. 2791–2800, 2019.

[10] Yinyu Nie, Xiaoguang Han, Shihui Guo, Yujian Zheng, Jian Chang, and Jian J. Zhang. Total3DUnderstanding: Joint layout, object pose and mesh reconstruction for indoor

scenes from a single image. In *Proceedings of the IEEE/CVF Conference on Computer Vision and Pattern Recognition*, pp. 52–61, 2020.

[11] Muhamad Risqi U. Saputra, Pedro P. B. de Gusmao, Yasin Almalioglu, Andrew Markham, and Niki Trigoni. Distilling knowledge from a deep pose regressor network. In *Proceedings of the IEEE/CVF International Conference on Computer Vision*, pp. 263–272, 2019.

[12] Wenqi Xian, Zhengqi Li, Matthew Fisher, Jonathan Eisenmann, Eli Shechtman, and Noah Snavely. UprightNet: Geometry-aware camera orientation estimation from single images. In *Proceedings of the IEEE/CVF International Conference on Computer Vision*, pp. 9973–9982, 2019.

[13] Oleksandr Bogdan, Viktor Eckstein, Francois Rameau, and Jean-Charles Bazin. DeepCalib: A deep learning approach for automatic intrinsic calibration of wide field-of-view cameras. In *Proceedings of the ACM SIGGRAPH European Conference on Visual Media Production*, 2018.

[14] Xiaoqing Yin, Xinchao Wang, Jun Yu, Maojun Zhang, Pascal Fua, and Dacheng Tao. FishEyeRecNet: A multi-context collaborative deep network for fisheye image rectification. In *Proceedings of the European Conference on Computer Vision*, Vol. 11214, pp. 475–490, 2018. Springer.

[15] Chunhao Chao, Pinlun Hsu, Hungyi Lee, and Yuchiang F. Wang. Self-supervised deep learning for fisheye image rectification. In *Proceedings of the IEEE International Conference on Acoustics, Speech, and Signal Processing*, pp. 2248–2252, 2020.

[16] Kang Liao, Chunyu Lin, Yao Zhao, and Moncef Gabbouj. DR-GAN: Automatic radial distortion rectification using conditional GAN in real-time. *IEEE Transactions on Circuits and Systems for Video Technology*, Vol. 30, No. 3, pp. 725–733, 2020.

[17] Shangrong Yang, Chunyu Lin, Kang Liao, Chunjie Zhang, and Yao Zhao. Progressively complementary network for fisheye image rectification using appearance flow. In *Proceedings of the IEEE/CVF Conference on Computer Vision and Pattern Recognition*, pp. 6344–6353, 2021.

[18] Manuel López-Antequera, Roger Marí, Pau Gargallo, Yubin Kuang, Javier Gonzalez-Jimenez, and Gloria Haro. Deep single image camera calibration with radial distortion. In *Proceedings of the IEEE/CVF Conference on Computer Vision and Pattern Recognition*, pp. 11809–11817, 2019.

[19] Duane C. Brown. Close-range camera calibration. *Photogrammetric Engineering*, Vol. 37, No. 8, pp. 855–866, 1971.

[20] Nobuhiko Wakai and Takayoshi Yamashita. Deep single fisheye image camera calibration for over 180-degree projection of field of view. In *Proceedings of the IEEE/CVF International Conference on Computer Vision Workshops*, pp. 1174–1183, 2021.

[21] João P. Barreto. A unifying geometric representation for central projection systems. *Computer Vision and Image Understanding*, Vol. 103, No. 3, pp. 208–217, 2006.

[22] Gao Huang, Zhuang Liu, Laurens van der Maaten, and Kilian Q. Weinberger. Densely connected convolutional networks. In *Proceedings of the IEEE Conference on Computer Vision and Pattern Recognition*, pp. 2261–2269, 2017.

[23] Peter J. Huber. Robust estimation of a location parameter. *Annals of Mathematical Statistics*, Vol. 35, No. 1, pp. 73–101, 1964.

[24] Piotr Mirowski, Andras Banki-Horvath, Keith Anderson, Denis Teplyashin, Karl Moritz Hermann, Mateusz Malinowski, Matthew K. Grimes, Karen Simonyan, Koray Kavukcuoglu, Andrew Zisserman, and Raia Hadsell. The StreetLearn environment and dataset. *arXiv preprint arXiv:1903.01292*, 2019.

[25] Shinhsiu Chang, Chingya Chiu, Chiasheng Chang, Kuowei Chen, Chihyuan Yao, Ruenrone Lee, and Hungkuo Chu. Generating 360 outdoor panorama dataset with reliable sun position estimation. In *Proceedings of the ACM SIGGRAPH Asia*, pp. 1–2, 2018.

[26] Kang Liao, Chunyu Lin, and Yao Zhao. A deep ordinal distortion estimation approach for distortion rectification. *IEEE Transactions on Image Processing*, Vol. 30, pp. 3362–3375, 2021.

[27] Xiaoyu Li, Bo Zhang, Pedro V. Sander, and Jing Liao. Blind geometric distortion correction on images through deep learning. In *Proceedings of the IEEE/CVF Conference on Computer Vision and Pattern Recognition*, pp. 4855–4864, 2019.

わかい のぶひこ（パナソニックホールディングス株式会社）

人手は不要？ 深層学習の開発を自動化！

■菅沼雅徳

1 AutoML とは

AutoML は，**自動機械学習**（automated machine learning）と呼ばれる，機械学習の開発プロセスを自動化する処理を指します。一般的な機械学習の開発プロセスは，図1に示すように，1. 問題の定式化，2. データの準備，3. データの前処理，4. 機械学習モデルの構築，5. 機械学習モデルの評価で構成されます。このプロセスのうち，主に 3. データの前処理と，4. 機械学習モデルの構築部分を自動化し，開発プロセスの効率化ならびに機械学習モデルの性能改善を図ることが AutoML の目的です。

一般的な開発プロセスにおけるデータの前処理では，欠損データへの対処や，機械学習モデルで使用する特徴量の選定や生成・加工，それらの特徴量の正規化などを行います。機械学習モデルの構築では，実際に用いるモデルの選定や

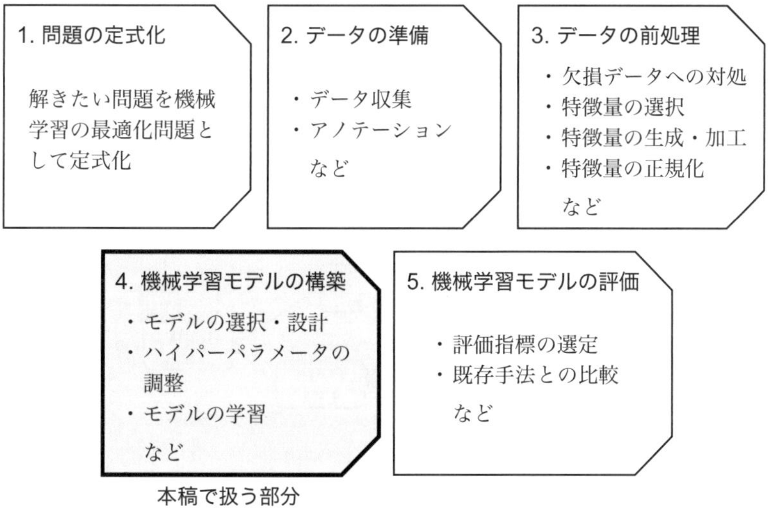

1. 問題の定式化

解きたい問題を機械学習の最適化問題として定式化

2. データの準備
・データ収集
・アノテーション
　など

3. データの前処理
・欠損データへの対処
・特徴量の選択
・特徴量の生成・加工
・特徴量の正規化
　など

4. 機械学習モデルの構築
・モデルの選択・設計
・ハイパーパラメータの調整
・モデルの学習
　など

本稿で扱う部分

5. 機械学習モデルの評価
・評価指標の選定
・既存手法との比較
　など

図1　一般的な機械学習の開発プロセス

設計，ハイパーパラメータの調整を通じて，モデルの学習を行います。

一方，深層学習を用いる場合の開発プロセスにおいては，特徴量の抽出はモデル自体に委ねることが多いため，データの前処理としては，欠損データの対処や正規化などの必要最低限の処理に留めておき，機械学習モデル（深層ニューラルネットワーク）の構築に注力するのが一般的です。この場合，AutoML の目的は，最適な深層ニューラルネットワークの設計とそのハイパーパラメータ調整を効率良く行うことです。前者のことを**ニューラル構造探索**（neural architecture search; NAS）と呼び，後者を**ハイパーパラメータ最適化**（hyperparameter optimization; HPO）と呼びます。

本稿では，深層学習のための AutoML として，NAS と HPO について，代表的な手法の技術面を中心に説明します。特に，画像認識分野では，AutoML の研究が活発に行われているため，それらの研究に焦点を当てます。

2　ニューラル構造探索（NAS）

画像認識における NAS では，目的のタスクにおける性能を最大化するために，畳み込みニューラルネットワーク（convolutional neural network; CNN）や Vision Transformer（ViT）[1] の構造を自動設計します。ここでいう構造とは，モデルの各層の演算種類とそれらの層間の接続関係を意味します。

たとえば，人手で設計された代表的な CNN である ResNet [2] は，主に 3×3 畳み込み層と残差接続で構成されており，これらの接続関係は直線的です（図 2 (a)）。ResNet は非常に優れた性能を示しているものの，この構造が最適であるとは限りません。たとえば，図 2 (b) に示すような，より複雑な分岐や多様な

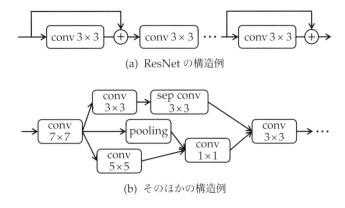

(a) ResNet の構造例

(b) そのほかの構造例

図 2　CNN の構造例。人手で構築するネットワークは構造が直線的になる傾向があるのに対し，より複雑なネットワーク構造の設計も当然可能であり，可能なネットワーク構造は膨大に存在します。

演算で構成される CNN のほうが優れている可能性もあります。しかしながら，考えうるネットワーク構造の数は膨大であり，かつネットワーク構造の設計には専門的な知識と経験が必要であるため，人手でネットワーク構造を設計するのは非常に骨が折れます。こうした背景から，機械学習を用いて最適なネットワーク構造を自動設計するという NAS が登場しました。

この節では，2.1〜2.5 項で上記のような CNN の構造を最適化する NAS，2.6 項で ViT のための NAS を解説します。これらは，テストデータ上での分類精度を最大化するネットワーク構造を設計する NAS です。一方，モデルの大きさや推論速度といった運用上重要な側面を最適化する NAS などもあり，2.7 項，2.8 項でこれらを取り上げます。最後に，2.9 項で現状の NAS の課題を述べて，この節を締めくくります。

さて，CNN を最適化する NAS から話を進めていきましょう。CNN のための NAS は，(i) 強化学習，(ii) 進化計算法，(iii) 勾配法の 3 つの方法に大別されます。以下では，まず 2.1 項，2.2 項で強化学習と進化計算法による NAS を解説し，2.3 項でそれらの手法の課題である計算コストへの対応について述べます。続いて，2.4 項で勾配法による NAS を解説し，2.5 項で 3 つの方法を比較して，簡単にまとめます。

2.1　強化学習による NAS

CNN（というよりも，深層学習）に NAS を適用した最初の論文 [3, 4] は，強化学習を用いた方法でした。ここでは，2016 年に公開された文献 [3] の方法論（NAS-RL）をもとに強化学習による NAS を解説します。

NAS-RL では，ネットワーク構造の最適化対象である CNN とは別の深層ニューラルネットワークも用意します。この別のネットワークはコントローラと呼ばれ，リカレントニューラルネットワーク（recurrent neural network; RNN）が使用されます。NAS-RL の全体の処理の流れは，以下のとおりです。

1. コントローラで CNN の構造をサンプリングする。
2. サンプリングされた CNN を学習データを用いて学習する。
3. 学習された CNN を検証データを用いて評価する。
4. 検証データの評価値（報酬）が最大になるように，強化学習を用いてコントローラのパラメータを更新する。
5. 以降，1〜4 を繰り返す。

まずは，コントローラ（RNN）の説明をします。図 3 にコントローラの例を示します。図からわかるように，コントローラの出力は，CNN の構造に関するハイパーパラメータに対応します。具体的には，NAS-RL は各畳み込み層 *l*

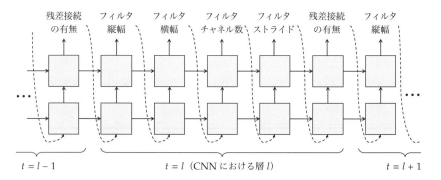

図3　NAS-RL で用いられているコントローラ（RNN）の例。時刻 t における RNN の出力が，CNN の層 l の構造に関するハイパーパラメータに対応します。正方形は中間ベクトル，実線の矢印は重みをそれぞれ表しています。

の以下の各要素を，コントローラで決定します。

- フィルタの縦幅 $\in \{1, 3, 5, 7\}$
- フィルタの横幅 $\in \{1, 3, 5, 7\}$
- フィルタ数（チャネル数）$\in \{24, 36, 48, 64\}$
- ストライド $\in \{1, 2, 3\}$
- 残差接続の有無

RNN は一般的に系列データに適用されますが，系列データにおける時刻 t を，CNN における層 l と見なして，各層の構造に関するハイパーパラメータを出力します。より具体的には，各時刻の中間ベクトルを全結合層とソフトマックス関数に入力し，最大確率に対応するハイパーパラメータを選択します。これを決められた系列長（層数 L）まで繰り返すことで，L 層の CNN を設計します。

　続いて，設計された CNN を，通常どおりに学習データを用いて訓練します。その後，検証データを用いて，検証精度を算出します。この検証精度を報酬と見なし，報酬を最大化するように REINFORCE アルゴリズム [5] を用いて，コントローラのパラメータ θ_c を最適化します。具体的には，式 (1) で計算される損失関数 J に関する誤差勾配を用いて，パラメータ θ_c を更新します。

$$\nabla_{\theta_c} J(\theta_c) = \sum_{l=1}^{L} \mathbb{E}_{P(a_{1:L}; \theta_c)} \left[\nabla_{\theta_c} \log P(a_l | a_{(1:l-1)}; \theta_c) R \right] \tag{1}$$

a_l は層 l でのコントローラの出力を示します。嚙み砕いて説明すると，式 (1) は高い報酬 R を示す優れたネットワーク構造に高い確率 $P(a_{1:L}; \theta_c)$ を割り当てるように，コントローラを学習することを意味します。

　全体の処理がすべて微分可能であれば，強化学習を用いなくても，確率的勾配降下法（stochastic gradient descent; SGD）で全体を一貫学習すれば済みま

すが，コントローラの出力値から CNN の特定のハイパーパラメータ値をサンプリングする箇所が微分不可能です。そのため，SGD による CNN の学習と強化学習によるコントローラの学習の 2 段階の最適化を行う必要があります。

NAS-RL を CIFAR-10 に適用したところ，自動設計された CNN は分類精度 96.35% を達成し，当時最高精度を達成していた DenseNet [6] の 96.54% と遜色ない性能を示しました。しかしながら，設計には 22,400 GPU days[1] を要しており，非常に計算コストが高いという欠点があります。

とはいえ，NAS-RL の登場によって，NAS が深層学習に適用可能であることが明らかになり，また構造設計の計算コストを削減する余地が大幅に残されていることが示されたことで，後続の NAS 研究に大きな影響を与えました。

[1] M 枚の GPU を用いて，N 日の最適化を要した場合，GPU days $= M \times N$。

2.2 進化計算法による NAS

NAS-RL が登場してからまもなく，進化計算法を用いた NAS が提案されました [7]。進化計算法は以前から小規模なニューラルネットワークの構造設計に応用されていましたが [8, 9]，大規模なネットワークへの適用は難しい状況でした。そんな中，文献 [7] は，計算資源の拡大や最適化の工夫を行うことで，進化計算法でも大規模な CNN の構造設計が可能であることを示しました。

文献 [7] では，CNN の構造を有向非巡回グラフで表現します。グラフの各ノードは，バッチ正規化＋活性化関数もしくは恒等写像を表します。各エッジは，畳み込み層もしくは恒等写像です。このグラフ 1 つを 1 個体と定義し，1,000 個体を用意します（これを母集団と呼びます）。進化計算法では，母集団内の個体どうしを比較したり，互いに作用させたりしながら個体を進化させていきます。文献 [7] における進化の様子を図 4 に示します。具体的な処理は以下のとおりです。

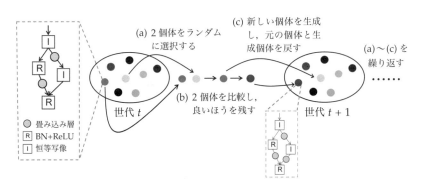

図 4　進化計算法による NAS の例 [7]。ランダムに個体を選択し，新しい個体を生成する工程を繰り返します。

1. 初期の 1,000 個体を生成する[2]。各個体を学習データを用いて訓練後，検証データを用いて精度を記録する。
2. 母集団からランダムに 2 個体を選択し，検証精度が劣っている個体を母集団から除外する。
3. 優れたほうの個体に対して突然変異を適用し，新しい個体を生成する。
4. 生成された新しい個体を訓練し，検証データを用いて精度を記録する。
5. 優れた個体と生成された個体を母集団に戻す。
6. 以降，2〜5 を決められた回数繰り返す。

突然変異は，畳み込み層の追加や削除，ストライドの変更，チャネル数の変更，ノード追加などをランダムに実行します。上述の処理を決められた回数（世代数と呼びます）繰り返すことで，徐々に個体を進化させていきます。進化計算の終了後に，母集団内で最も優れた個体を最適な CNN 構造とします。

文献 [7] での最適個体は，CIFAR-10 上で 94.60% の分類精度を達成しました。NAS-RL の 96.35% と比べると劣っていますが，探索にかかる計算コストが 2,600 GPU days であり，約 8.6 倍ほど効率的になっています。進化計算法は柔軟な問題設計が可能であるため，文献 [7] とは異なるグラフの表現方法や進化方法を用いた NAS が同時期に提案されており，より優れた性能も示されています [10]。

2.3　強化学習，進化計算法による NAS の計算コストの改善

強化学習や進化計算法による NAS の最大の課題は，探索にかかる計算コストが高いことです（数千〜数万 GPU days）。この項では，この問題への取り組みについて述べます。

探索空間の見直し：セルの導入

計算コストが高くなってしまう要因の 1 つは，「探索空間が非常に大きい」という点です。探索空間は，異なるネットワーク構造がどれだけサンプリング可能かを表します。たとえば，4 層の CNN に対して，各層の選択肢が 5 つあった場合，この探索空間には $5^4 = 625$ 個のネットワーク構造が内包されていることになります。実際は，数十層から百数十層の CNN を用い，各層には 10 種類程度の選択肢を用意して探索することが望まれるため，結果として非常に膨大な探索空間になってしまいます。このような巨大な探索空間を効率良く探索することは容易ではありません。

そこで，CNN 全体の構造を NAS によって探索するのではなく，小さいネットワーク構造を NAS によって最適化し，その小さいネットワークを積み重ねる

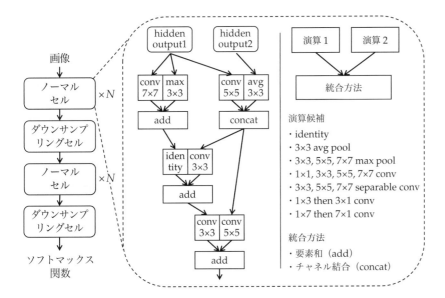

図 5　セルの例 [11]。CNN はノーマルセルとダウンサンプリングセルの積み重ねで構成されます。各セルは，有向非巡回グラフで定義される 10 層程度の CNN です。具体的には，セルは 2 つの演算とそれら出力の統合演算で構成されるブロックをノードとするグラフです。

ことで，全体の CNN を構築する方法が提案されました [11]。この小さなネットワークは有向非巡回グラフで定義される 10 層程度の CNN で，**セル**（cell）と呼ばれます。図 5 にセルの例を示します。各セルは，2 つの演算とそれらの出力結果を統合する演算で構成されるブロックをノードとするグラフで定義されます[3]。この各ブロックの演算種類，統合方法，さらにブロック間の接続関係を NAS によって最適化します。文献 [11] では，NAS-RL [3] と同様に，コントローラ（RNN）でこれらのハイパーパラメータを決定しています。また，進化計算法を用いてセルを最適化する方法も提案されています [12]。いずれの方法においても，積み重ねるセルの数は人が決めます。文献 [11] の方法は，CIFAR-10 上で 96.59% の分類精度を達成する CNN を，2,000 GPU days の探索で発見しており，NAS-RL に比べて約 10 倍の高速化に成功しています[4]。

　なお，セルはノーマルセルとダウンサンプリングセルの 2 種類を用意します。ノーマルセルは入力と出力の特徴マップの解像度が変わりません。ダウンサンプリングセルでは，セル内の最初の演算のストライドを 2 に設定することで入力特徴マップの解像度を半分にするのと同時に，チャネル数を 2 倍にします。セルをベースとした探索空間は，現在においても最もよく使用されています。

[3] 文献 [11] では，各セルがこのブロックを 5 つ含むように探索空間を設計しています。

[4] ただし，NAS-RL [3] は GPU として NVIDIA Tesla K40 を用いており，文献 [11] は NVIDIA Tesla P100 を使用しています。後者のほうが高速であるため，手法による高速化はだいたい 7 倍くらいと思われます。

　セルの導入によって探索空間を改善することで，探索時間を高速化しつつ，分類精度の改善にも成功しました。しかしながら，依然として必要な探索コストは非現実的です（数百〜千数百 GPU days）[11, 12, 13]。主な原因は，CNN のアーキテクチャをサンプリングするたびに，一から CNN の重みを最適化していることです。たとえば，NAS-RL の場合，

CNN のサンプリング → CNN の重み初期化 → CNN の学習 → コントローラの更新 → CNN のサンプリング → CNN の重み初期化 → CNN の学習 → コントローラの更新 …

の繰り返し処理において，CNN の学習部分の計算コストが支配的になっています。しかしながら，CNN を十分に学習させなければ，各構造の性能を正しく計測できないため，これはやむを得ないことでした。

　そのような問題を解決するべく，**重み共有**（weight sharing）と呼ばれる方法を導入した**効率的な NAS**（efficient NAS; ENAS）が提案されました [14]。

　ENAS では，探索空間内のすべての演算を包含する 1 つの巨大なネットワーク（親ネットワーク）を用意し，親ネットワークから部分的なサブネットワーク（子ネットワーク）をサンプリングし，最適な子ネットワークを探索します。つまり，NAS の問題を，「冗長なネットワークの中から最適な部分構造を選択する問題」として扱います。たとえば，ENAS は文献 [11] と同様の探索空間を用いますが，親ネットワークのセル内の各ブロックでは，すべての演算候補をあらかじめ準備しておきます。そして，その中から演算をサンプリングすることで，子ネットワークを構築します。演算候補はこれまでの NAS と同様に，事前に人手で決めておく必要があります。

　図 6 に，演算候補が 3 つの場合の親ネットワークと子ネットワークの関係を示します（説明のため，セル内のある 1 つのブロックのみを図示しています）。図 6 の例では，子ネットワークにおいて，1 回目のサンプリングで 3×3 畳み込みと 5×5 畳み込みが選択され，両者の重みを学習しています。続く 2 回目のサンプリングでは，3×3 畳み込みと 3×3 最大値プーリングが選択されたとします。このとき，3×3 畳み込みは 1 回目のサンプリングでも選択されているため，重みは初期化せずに 1 回目の学習終了時の重みを初期値として利用します。こうすることで，毎回サンプリングするたびに重みを一から学習する必要がなくなり，学習を高速化できます。

　ENAS は，上述の重み共有をセルベースの探索空間 [11] に導入することで，CIFAR-10 上で 96.46% の分類精度を達成する CNN を 0.45 GPU days で探索可能にし，これまでの NAS よりも数百〜数千倍の高速化に成功しました。重み

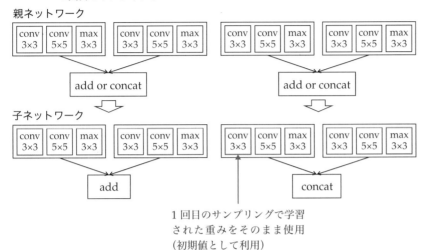

図 6　重み共有の例。説明のため，親ネットワーク内のある 1 つのブロックの
みを示しています。演算候補は 3 つあり，親ネットワークではそれらすべてを
列挙します。探索対象であるネットワーク（子ネットワーク）は，コントロー
ラによる親ネットワークからのサンプリングで定義されます。重み共有の最大
のポイントは，これまでに学習された子ネットワークの重みパラメータは，後
続の子ネットワークにおいて初期化せずにそのまま利用することです。

共有は NAS の高速化には欠かせない方法であり，現在の NAS においても主要
な技術として利用されています。

2.4　勾配法による NAS

　重み共有の提案によって大幅に高速化された NAS ですが，まだ煩わしい問題
があります。それは，探索対象となる CNN に加えて，コントローラ（RNN）
の最適化もしくは別の最適化アルゴリズム（進化計算法など）が必要である点
です。アルゴリズムが異なれば，調整すべきハイパーパラメータや性能向上に
必要な知見も異なるため，手法全体の改善が難しくなります。

　そんな中，Liu らによって，コントローラや別の最適化手法を必要としない，
SGD のみを用いた NAS である微分可能な構造探索（differentiable architecture
search; DARTS）[15] が提案されました。DARTS の利点は，これまでの NAS
手法と同等以上の性能を示しつつ，コントローラなどの廃止によって実装や手
法のカスタマイズを容易にしていることです。以下では DARTS について説明
します。

DARTS

DARTSも重み共有を使用したセルベースのNASです。DARTSにおけるセルも有向非巡回グラフで定義されますが，これまでの方法[11, 14]とは異なる構造をもちます。

図7にDARTSのセルを示します。グラフ内の四角で表された各ノードは特徴マップを表し，破線の各エッジは演算を表します。セル内には2つの入力ノード（f^1, f^2），3つの中間ノード（$f^3 \sim f^5$），1つの出力ノード（concat）の計6つのノードが存在します。入力1, 2は直前の2つのセルの出力を受け取り，1×1畳み込み層でチャネル数や空間解像度を調整した後に，それぞれ入力ノードに渡します。出力ノードはすべての中間ノードの出力をチャネル次元で結合し，セルの出力とします。中間ノードは自身より手前のすべてのノードと接続しており，次式で各ノード間の出力を計算します。

$$x^j = \sum_{i<j} o^{i,j}\left(x^i\right) \tag{2}$$

$$= \sum_{i<j} \sum_{o \in O} \frac{\exp\left(\alpha_o^{i,j}\right)}{\sum_{o' \in O} \exp\left(\alpha_{o'}^{i,j}\right)} o(x^i) \tag{3}$$

5) DARTSでは，各エッジに8つの演算が定義されています。

x^iはi番目のノード，Oは事前に定義した演算候補[5]，$o^{i,j}$はノードi, j間の演算（エッジ）を表します。$\alpha_o^{i,j}$は，ノードi, j間の演算oに関する学習可能な構造パラメータです。DARTSでは，検証データに対して精度を最大化するように各構造パラメータ$\alpha_o^{i,j}$を更新し，学習後に値が大きい上位k個の演算を残すことで，セル内の構造を決定します。学習中は，式(3)に示すように，各構造パラメータ$\alpha_o^{i,j}$をソフトマックス関数を通じて$[0,1]$の範囲に正規化し，該当する演算oの出力特徴マップに重みとして乗算します[6]。この処理を演算数分だけ

6) 演算に対する一種の注意（アテンション）と見なせます。

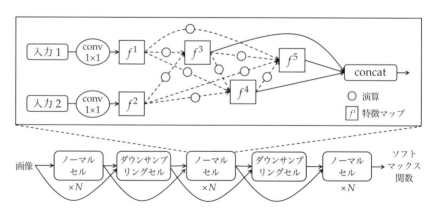

図7　DARTSにおけるセルの構造。セルは有向非巡回グラフで定義され，各ノードは特徴マップ，各エッジはすべての演算候補を表します。

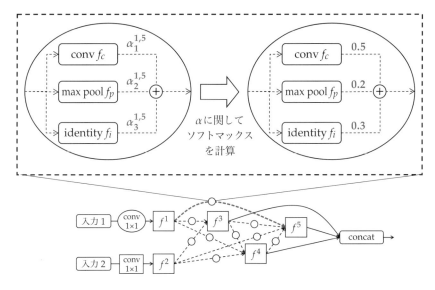

図 8　DARTS のエッジにおける演算例。上図では，各エッジに 3 つの演算があるとし，ノード 1 と 5 の間を拡大して示しています。

実行し，最後は特徴マップの要素和を計算することで，演算結果を次のノードへ渡します。演算数が 3 つの場合の例を図 8 に示します。たとえば，ノード 1 からノード 5 への出力結果 $o^{1,5}$ は式 (4) で計算できます。

$$o^{1,5} = \sum_{o \in O} \frac{\exp\left(\alpha_o^{1,5}\right)}{\sum_{o' \in O} \exp\left(\alpha_{o'}^{1,5}\right)} o(x^1) \tag{4}$$

$$= \frac{\exp\left(\alpha_1^{1,5}\right) f_c(x^1) + \exp\left(\alpha_2^{1,5}\right) f_p(x^1) + \exp\left(\alpha_3^{1,5}\right) f_i(x^1)}{\exp(\alpha_1^{1,5}) + \exp(\alpha_2^{1,5}) + \exp(\alpha_3^{1,5})} \tag{5}$$

$f_c(\cdot), f_p(\cdot), f_i(\cdot)$ は，図 8 内の畳み込み層，最大値プーリング，恒等写像をそれぞれ表します。同様の計算をノード 5 に繋がっているすべてのノード間で計算し，それらの要素和をとることで，ノード 5 における特徴マップ x^5 を得ます。

　DARTS では，セルの構造を決定する構造パラメータ α を特徴マップに乗算することで，α が演算の重みとともに計算グラフに乗り，SGD で直接最適化できる点がポイントです。DARTS の最適化目標は，検証データに対する精度を最大化するような構造 α^* を見つけることです。最適化には構造に関するパラメータ α と演算に関するパラメータ w の両者が絡むため，最適化問題は式 (6) のように 2 段階で定式化されます[7]。

$$\min_{\alpha} \ \mathcal{L}_{\mathrm{val}}\left(w^*(\alpha), \alpha\right)$$
$$\text{s.t.} \ w^*(\alpha) = \operatorname*{argmin}_{w} \ \mathcal{L}_{\mathrm{train}}(w, \alpha) \tag{6}$$

つまり，α を更新するたびに新しいネットワーク構造が得られるため，その時点の α で定義されるネットワーク構造で重み $w(\alpha)$ が収束するまで学習します（式 (6) 中の $\mathrm{argmin}_w \, \mathcal{L}_{\mathrm{train}}(w, \alpha)$ に対応）。その後，α を更新して，再度ネットワーク $w(\alpha)$ の学習という処理を繰り返します。しかし，α を更新するたびに，重み $w(\alpha)$ が収束するまで学習するのは計算コストが高いため，DARTS では α に関する勾配 $\nabla_\alpha \mathcal{L}_{\mathrm{val}}(w^*(\alpha), \alpha)$ を以下のように近似します。

$$\nabla_\alpha \mathcal{L}_{\mathrm{val}}(w^*(\alpha), \alpha) \tag{7}$$

$$\approx \nabla_\alpha \mathcal{L}_{\mathrm{val}}(w - \xi \nabla_w \mathcal{L}_{\mathrm{train}}(w, \alpha), \alpha) \tag{8}$$

つまり，十分に学習した際の重み $w^*(\alpha)$ を，1 イテレーションのみの重み更新で近似するというのが，根底にあるアイディアです。なお，ξ は学習率を表します。DARTS では，(i) $\nabla_\alpha \mathcal{L}_{\mathrm{val}}(w - \xi \nabla_w \mathcal{L}_{\mathrm{train}}(w, \alpha), \alpha)$ を用いた α の更新と，(ii) $\mathcal{L}_{\mathrm{train}}(w, \alpha)$ を用いた w の更新をイテレーションごとに繰り返し行い，最適な構造 α^* を探索します。

学習の収束後，各エッジにおける各演算の重要度を $\frac{\exp(\alpha_o^{i,j})}{\sum_{o' \in O} \exp(\alpha_{o'}^{i,j})}$ と定義し，重要度が高い上位 k 個の演算のみを残すことで，最終的なセルの構造を決定します[8]。その後，セルを探索時よりも多く積み重ねてから[9]，改めて一から演算の重み w を再学習し，テストデータ上で評価します。DARTS は CIFAR-10 上で 97.24% の分類精度を達成する CNN を，約 1 GPU days の探索コストで設計できます。

DARTS の課題

DARTS は優れた性能を示しつつ，SGD による一貫学習が可能であるため，非常に使い勝手が良い手法です。しかしながら，DARTS には以下の大きな課題があることが，後続の研究によって指摘されています。

- 学習データに過学習しやすい
- メモリ消費が激しい

まず前者について，図 9 に DARTS によって獲得された構造例を示します。図から明らかなように，ほとんどのエッジで恒等写像（skip connect）が選択されており，非常に表現力が低いモデルとなっています。当然このようなモデルは，テストデータ上では優れた性能を期待できません。しかしながら，学習損失は問題なく最小化できているため，学習データに過学習していることがわかります。特に，DARTS では，恒等写像のような学習可能なパラメータが存在しない演算を過度に選択する傾向があります [16]。

また，探索途中と再学習後の評価時ではモデル構造（セル数と演算数）が異

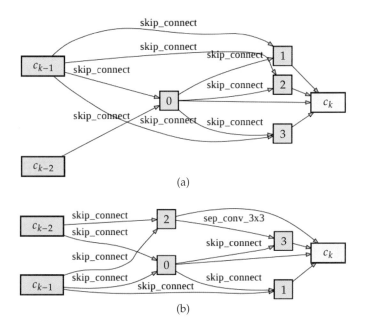

図 9 DARTS によって獲得されたセルの例 [16]。ほとんどのエッジにおいて，skip connect（恒等写像）が選択されており，学習データに過学習していることがわかります。

なるため，探索時に性能が良くても，テスト時には性能が悪いという報告もあります [17]。

そのため，上述の課題を解決する DARTS の改良手法も数多く提案されています。たとえば，学習時に L2 正則化やドロップパスを導入することで過学習を防ぐ方法や [16]，ソフトマックス関数ではなくシグモイド関数を用いて演算の重要度を計算する方法 [18]，探索中に徐々にセル数を増やしていく方法 [17]などです。

課題の 2 つ目の，メモリ消費が激しい問題について，DARTS は誤差に関する勾配を計算しパラメータ α を更新するために，すべて演算を実行し，それらの演算結果をすべてメモリに保持する必要があります。そのため，候補となる演算数が増えるにつれて，メモリ容量が急激に増加してしまいます。この問題を解決する有望な方法の 1 つが，**確率緩和**（stochastic relaxation）によるサンプリングです。

確率緩和

DARTS と確率緩和によるサンプリングの比較を図 10 に示します。確率緩和を用いたサンプリングでは，探索候補となるすべての演算を実行するのではな

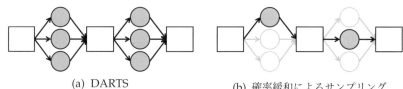

(a) DARTS　　　　　　(b) 確率緩和によるサンプリング

□ 特徴マップ　◯ 演算

図 10　DARTS と確率緩和によるサンプリングの比較。DARTS ではすべての演算を実行する必要があるのに対して，確率緩和に基づくサンプリングでは，確率分布からサンプリングされた演算のみを実行するため，メモリ効率が向上します。

く，$\{0,1\}$ の 2 値ベクトル $\mathbf{Z} \in \mathbb{R}^{|O|}$ を確率分布 $p_\alpha(\mathbf{Z})$ からサンプリングし，該当する演算のみを実行します。

$$o^{i,j} = \sum_{k=1}^{|O|} \mathbf{Z}_k^{i,j} o_k(x) = \begin{cases} o_1(x) & \text{with probability } p_1 \\ \cdots \\ o_{|O|}(x) & \text{with probability } p_{|O|} \end{cases} \tag{9}$$

2 値ベクトル $\mathbf{Z}$ は，式 (10) に示すように，カテゴリカル分布を用いてサンプリングします。

$$\mathbf{Z} = \begin{cases} [1,0,\ldots,0] & \text{with probability } p_1 \\ \cdots \\ [0,0,\ldots,1] & \text{with probability } p_{|O|} \end{cases} \tag{10}$$

確率 p_i は DARTS と同様に，学習可能なパラメータ α_i にソフトマックス関数を適用することで計算します。

$$p_i = \frac{\exp(\alpha_i)}{\displaystyle\sum_{o \in O} \exp(\alpha_o)} \tag{11}$$

したがって，確率緩和においても，最適な構造が確率分布 $p_\alpha(\mathbf{Z})$ からサンプリングされるように，パラメータ α を SGD で最適化することが目的となります。

　しかしながら，確率分布から $\mathbf{Z}$ をサンプリングする関係で，現状のままでは SGD を用いて α を直接更新することができません。そこで，文献 [19] では，α に関する誤差勾配を $\mathbf{Z}$ に関する勾配で近似することで，SGD による更新を可能にしています[10]。しかし，$\mathbf{Z}$ に関する誤差勾配の計算には，候補となるすべての演算結果が必要になるため，DARTS と同じ問題を抱えています。そこで，文献 [19] では，各イテレーションにおいて p_i で定義される多項分布から 2 つの演算のみをサンプリングし，フォワード計算とバックワード計算を行います。

[10] 2 値ベクトル $\mathbf{Z}$ は計算グラフに乗るためです。

これによって，演算数 $|O|$ だけ必要であったメモリコストを 2 まで減らすことができます。また，文献 [20] では，確率緩和と方策勾配に基づく新しい探索手法が提案されており，メモリコストを $|O| \to 1$ まで減らしています。そのほかにも，確率緩和に関する研究は多数提案されています [21, 22]。

DARTS のようなメモリ消費が激しい方法では，大きなモデルを規模の大きいデータセット（たとえば ImageNet）上で直接最適化することは困難です。そのため，代わりに CIFAR-10 などの小さいデータセット上で最適な構造を設計してから，その構造を手動で（規則的に）拡大し，大きなデータセットへ転用します。しかしながら，CIFAR-10 と ImageNet では問題の性質が大きく異なるため，最適なモデル構造も異なると考えられます。一方，確率緩和に基づく方法であれば，メモリ消費を抑えることができるため，ImageNet のような大規模なデータセット上で直接ネットワーク構造を最適化することが可能です [19]。

2.5 CNN 向けの 3 つの NAS の比較

ここまで強化学習，進化計算法，勾配法による NAS について説明してきました。強化学習と進化計算法は，NAS の問題をブラックボックス最適化として解くため，柔軟に問題設計（構造設計）ができる利点があります。一方で，SGD で一貫学習できない点や調整すべきハイパーパラメータが増える点から，利便性にやや欠けます。

それに対して，勾配法に基づく NAS は，一般的な深層学習モデルの最適化と同様に NAS の問題を扱えるため，実装や手法のカスタマイズは比較的容易です。しかしながら，最適化や勾配計算の工夫を行わないと，過学習に陥ったり，メモリ消費が大きくなってしまうことには注意が必要です。

2.6 ViT のための NAS

ここまでは CNN のネットワーク構造を最適化する NAS を紹介してきました。一方で，ViT [1] の提案以降，ViT はさまざまな画像認識タスクで CNN と同等の性能を示し，近年大きな成功を収めています。そのため，CNN と同様に，ViT の構造の最適化を目指す NAS 手法も数多く提案されています [23, 24, 25, 26]。ここでは，初めて ViT に NAS を適用した AutoFormer [23] を紹介します。

AutoFormer では，図 11 (a) に示すように，Transformer エンコーダの (i) 埋め込みベクトルの次元数，(ii) マルチヘッド注意機構におけるクエリ，キー，バリューベクトルの埋め込み次元数，(iii) マルチヘッド注意機構のヘッド数，(iv) フィードフォワード層の拡大率，(v) エンコーダの層数を最適化します。このように，AutoFormer による最適化は，ViT の構造というよりは，ViT のハイパーパラメータが対象になっています。

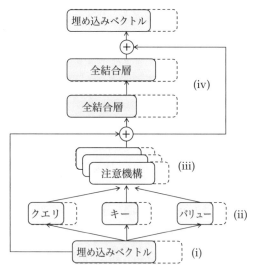

(a) AutoFormer の探索空間

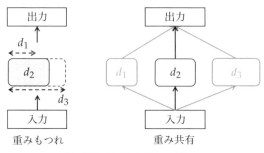

(b) 従来の重み共有との違い

図 11　(a) AutoFormer [23] の探索空間。Transformer エンコーダ内の各演算における出力次元数などのハイパーパラメータを最適化します。各項目の枠の横幅は，次元数を表しています。(b) 重みもつれ [23] と従来の重み共有 [14] の違い。重みもつれは，1 つの重みパラメータをすべての演算で共有します。

　AutoFormer の著者らは，これまで CNN 用の NAS で用いられてきた重み共有を ViT に適用した場合，学習がうまく進まないことを実験から明らかにしました。そこで，図 11 (b) に示す新しい重み共有方法である，重みもつれ（weight entanglement）を提案しています。ViT では，次元数が異なる全結合層が重み共有の対象となるため，従来の重み共有を用いた場合，次元数が異なる全結合層を独立して保持する形になります（図 11 (b) 右）。それに対して，重みもつれは次元数が最大の全結合層のみを保持し，次元数が低い全結合層は最大次元数の重みパラメータの一部を利用します（図 11 (b) 左）。これにより，多くのパラメータが子ネットワーク間で共有され，安定して学習できます。

AutoFormer では，以下の 2 段階の最適化を行います．

1. **親ネットワークの学習**：親ネットワーク（探索空間）からランダムに子ネットワークをサンプリングし，学習する．このとき，子ネットワークの重みは，重みもつれを用いて算出する．

2. **進化計算法による子ネットワークの探索**：親ネットワークの学習後，まず，50 個の子ネットワークをランダムにサンプリングし，母集団を生成する．母集団内の上位 10 個の子ネットワークに対して，交叉および突然変異[11]を適用することで，新たな子ネットワークを生成する．この操作を繰り返し，与えられた計算資源下（パラメータや FLOPS）で最大の分類精度を達成する子ネットワークを探索する．

上記の探索によって設計された ViT 構造は，ViT [1] や DeiT [27] よりもパラメータ数と浮動小数点数演算数（FLOPS）を削減しつつ，ImageNet-1K 上でより優れた分類精度を示します[12]．

なお，AutoFormer が採用している親ネットワークからのランダムサンプリングによる子ネットワークの学習では，サンプリングされた部分以外の重みパラメータはフォワード計算およびバックワード計算に含まれないため，2.4 項で説明した確率緩和によるサンプリングと同じメモリ節約効果があります．確率緩和のように，追加で学習が必要なパラメータが存在しないため，実装と学習が容易になります．実際，親ネットワークからのランダムサンプリング学習を行い，学習後に別の探索手法によって最適な子ネットワークを探索するというアプローチは，多くの NAS 手法で採用されています [24, 28, 29, 30]．

2.7　多目的 NAS

2.1〜2.6 項で取り上げた CNN および ViT のための NAS 手法の目的は，テストデータ上での分類精度を最大化するネットワーク構造の設計でした．しかし，実世界での運用を考えると，分類精度だけではなく，モデルの大きさ（パラメータ数，演算回数）や推論速度も重要な要素です．たとえば，自動車の先進運転支援システムやスマートフォンなどに深層学習モデルを搭載しようと思うと，製品の基板に収まるサイズのモデルや，実時間での推論が可能なモデルが必要不可欠です．

しかしながら，モデルの効率性（サイズや推論時間）と分類精度の間には，トレードオフの関係があるのが一般的です．トレードオフの関係にある複数の目的関数のもとで最適解を求める問題を，多目的最適化と呼びます．特に NAS の場合では，モデルの効率性（パラメータ数，FLOPS，推論速度）の制約を満たしつつ，最大の分類精度を達成するように，多目的最適化問題を解くことがよ

11) 交叉は，ランダムに選択された 2 つの子ネットワーク間の各層をランダムに入れ替えることで新しい子ネットワークを生成します．突然変異は，まずランダムにエンコーダ数を変更し，その後，各層について ランダムに構造（次元数など）を変更することで，新しい子ネットワークを生成します．

12) ViT-B/16 の Top-1 分類精度が 79.7% なのに対して，AutoFormer は 82.4% の Top-1 分類精度を達成しています．

くあります。複数の制約下での人手によるモデル設計はよりいっそう困難なので，NAS の利用が有望視されます。

CNN のパラメータ数や推論速度と分類精度間の良好なトレードオフを達成している代表的なモデルが，**EfficientNet** [31] です。この EfficientNet のベースとなるモデルは，MnasNet [32] で提案された NAS によって設計されています。

まず，推論速度を考慮した場合，入力に近い層は解像度が高い特徴マップを扱うため，出力層に近い層の演算に比べて演算回数が多く，推論速度に大きな影響を与えます。そのため，MnasNet では同一構造のセルを積み重ねるこれまでの方法とは異なり，図 12 に示すように，CNN 全体を複数のブロックに分割し，ブロックごとに異なる構造をもてるようにします。これによって，モデルの効率性と分類精度の両者を考慮したモデル設計が可能になります。各ブロック i 内には，同一演算が N_i 個配置されます。MnasNet では，コントローラ（RNN）を用いて，各ブロック i 内での畳み込み演算の種類とそれらのハイパーパラメータ（カーネルサイズやフィルタサイズ）や演算数 N_i を決定します。畳み込み演算は，通常の畳み込み層，分離可能畳み込み層（separable convolution layer）[33]，反転残差畳み込みブロック [34] の候補から選択します。分離可能畳み込み層や反転残差畳み込みブロックは人手で設計された効率的な畳み込み層ですが，これらのハイパーパラメータや，CNN 内のどこに配置すべきかを，コントローラで最適化します。

EfficientNet におけるコントローラは，以下の報酬を最大化するように，強化学習（近傍方策最適化 [35]）を用いて最適化されます。

$$\max_m \; \text{ACC}(m) \times \left[\frac{\text{FLOPS}(m)}{T} \right]^w \tag{12}$$

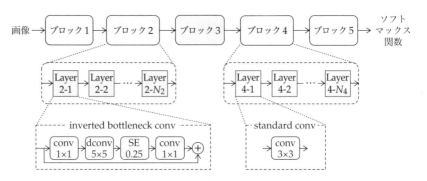

図 12　MnasNet における探索空間。CNN 全体を複数のブロックに分割し，各ブロックで実行する演算種類と演算回数を最適化します。

m はサンプルされたモデル，ACC(m) はモデル m の検証データ上での分類精度，FLOPS(m) はモデル m の FLOPS，T は最適化で目標とする FLOPS を表します[13]。また，w は分類精度と FLOPS 間のトレードオフを制御するためのハイパーパラメータで，原論文 [32, 31] では $w = -0.07$ が使用されています。

上記の方法で最適化されたモデルを EfficientNet-B0 と呼び，そのネットワーク構造を表 1 に示します。EfficientNet では，このベースとなるモデルにおける (i) 深さ，(ii) チャネル数，(iii) 入力解像度を定数倍することで，モデルサイズを拡大した EfficientNet-B1〜B7 を構築します。具体的には，まず $\phi = 1$ と固定し，EfficientNet-B0 上で式 (13) の制約を満たしつつ，分類精度が最大になる α, β, γ の値をグリッドサーチによって探索します。

[13] MnasNet の原論文では，FLOPS の代わりに推論速度（latency）を用いています。これらの目標値は人手で設定します。

$$深さ : d = \alpha^{\phi}$$

$$チャネル数 : w = \beta^{\phi}$$

$$入力解像度 : r = \gamma^{\phi} \tag{13}$$

$$\text{s.t.} \quad \alpha \cdot \beta^2 \cdot \gamma^2 \approx 2$$

$$\alpha \geq 1, \ \beta \geq 1, \ \gamma \geq 1$$

EfficientNet の原論文では，$\alpha = 1.2,\ \beta = 1.1,\ \gamma = 1.15$ が得られています。なお，式 (13) 中の $\alpha \cdot \beta^2 \cdot \gamma^2 \approx 2$ の意図は，式 (13) に従って CNN を拡大すると，FLOPS は $(\alpha \cdot \beta^2 \cdot \gamma^2)^{\phi}$ 倍だけ大きくなるため，$\alpha \cdot \beta^2 \cdot \gamma^2 \approx 2$ とすることで，ϕ の変化に対して FLOPS の増加を 2^{ϕ} で制御することにあります。続いて，α, β, γ の値をこれらに固定した上で，ϕ の値を大きくすることで，異なるモデルサイズの EfficientNet-B1〜B7 が構築できます。EfficientNet はモデルの効率性（FLOPS と推論速度）と分類精度間で良好なトレードオフを達成できることが報告されています [31]。

表 1　EfficientNet-B0 のネットワーク構造。MBConv は反転残差ブロック，MBConvX の 'X' はチャネル数の拡大率，続く $k \times k$ は畳み込みカーネルのサイズを表しています。FC は全結合層を示します。

演 算	入力解像度（$H \times W$）	チャネル数	層数
Conv 3×3	224×224	32	1
MBConv1 3×3	112×112	16	1
MBConv6 3×3	112×112	24	2
MBConv6 5×5	56×56	40	2
MBConv6 3×3	28×28	80	3
MBConv6 5×5	14×14	112	3
MBConv6 5×5	14×14	192	4
MBConv6 3×3	7×7	320	1
Conv 1×1 & Pooling & FC	7×7	1,280	1

EfficientNet のポイントは，ベースとなるモデルの設計とモデルの拡大を分けて行う点です。いきなり大きいサイズのモデルを NAS によって探索することは可能ですが，探索空間が巨大になるため，探索コストも非現実的になってしまいます。そこで，EfficientNet は効率性と精度のトレードオフが優れている小さいモデルを NAS で探索し，あとはそれを単純に拡大することで探索コストの問題を解決しています。深さ，チャネル数，入力解像度に対する CNN のスケーラビリティを NAS にうまく組み込んだ，NAS の上手な使い方といえます。

Once-for-all（OFA）

EfficientNet-B0 は特定の FLOPS を目標として CNN の構造を最適化するため，目標となる FLOPS が異なる場合は，その都度最適化を行わなければなりません。また，推論速度を目標にした場合も，モデルを載せるデバイスや CPU が変わると，推論速度も変わってくるため，条件ごとに NAS を実行する必要があり，その分だけコストがかかります。

Once-for-all（OFA）[36] は，1 つの親ネットワークを学習するだけで，所望の FLOPS や推論速度などを満たす子ネットワークを再訓練なしでサンプリングできる多目的 NAS 手法です。OFA の原論文では，MobileNetV3 [37] [14] の構造にかかわるハイパーパラメータを最適化しています。具体的には，各ブロックサイズ $\{2, 3, 4\}$，ブロック内の各層における畳み込みカーネルサイズ $\{3, 5, 7\}$ とチャネル拡大率 $\{3, 4, 6\}$，入力解像度 $[128, 224]$ を最適化します。具体的な最適化手順は以下のとおりです。

14) MobileNetV3 は，反転残差ブロックを改良したブロックを積み重ねた CNN です。

1. 候補となるブロックサイズ，カーネルサイズ，チャネル拡大率のすべてが最も大きいサイズの親ネットワークを構築し，学習する（たとえば，畳み込みカーネルサイズについては，すべての畳み込み層を 7×7 サイズに設定したモデルを学習）。

2. カーネルサイズについてのみ，イテレーションごとに $\{3, 5, 7\}$ からランダムにサンプリングして，学習する。

3. ブロックサイズについて，$\{2, 3, 4\}$ を探索空間に追加し，ランダムにサンプリングして，学習する。

4. チャネル拡大率について，$\{3, 4, 6\}$ を探索空間に追加し，ランダムにサンプリングして，学習する。

すべての最適化を通して，入力解像度は $[128, 224]$ からランダムにサンプリングします。上記のように，徐々に小さいサイズのネットワーク構造を探索空間に追加することで，うまく学習できることを，OFA の著者らは報告しています。

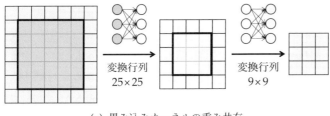

(a) 畳み込みカーネルの重み共有

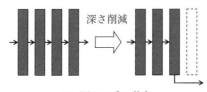

(b) 深さの重み共有

図 13　OFA における重み共有の例。(a) 畳み込みカーネルサイズの重み共有方法。大きいサイズの畳み込みカーネルの中心部分を変換することで，小さいサイズの重みとして代用します。(b) 深さの重み共有方法。先頭から選択された深さ分だけ演算を実行し，残りの演算部分は省略します。

最大値未満のカーネルサイズ，ブロックサイズ，チャネル拡大率が選択された際は，重み共有を利用します。カーネルサイズについては，図 13 (a) に示すように，最大サイズの重みパラメータの中心部分（5×5）を学習可能な変換行列に通すことで，該当サイズ（3×3）の重みパラメータを計算します。深さについては，図 13 (b) に示すように，先頭から選択された深さ分だけ利用します。チャネル拡大率については，各チャネルに対応する畳み込み層の重みパラメータの L1 ノルムを計算し，L1 ノルムが大きいほうから順に決定されたチャネル数だけ使用します。

　上述の最適化終了後に，16,000 個の子ネットワークをサンプルし，検証データ上での分類精度を記録します。この子ネットワークの構造情報と分類精度のペアデータを用いて，ネットワークの構造情報を入力し，その分類精度を予測する精度予測器（3 層のニューラルネットワーク）を構築します。また，既存研究 [19] に従い，ハードウェアごとの推論速度に関するルックアップテーブルを用意します。あとは，指定したハードウェアと推論速度の条件を満たしつつ，分類精度が高い子ネットワークを進化計算法によって探索します。進化計算法での探索には事前に学習した精度予測器を使うため，高速に実行できます。したがって，与えられたハードウェアと推論速度の条件を満たす子ネットワークを，追加の最適化などを行わずに探索できます。

　ここまで紹介してきた方法以外にも，数多くの NAS 手法がこれまでに提案されています。たとえば，物体検出器のための NAS [38]，セマンティックセグメンテーションのための NAS [39]，自然言語処理のための NAS [40, 30] などです。紙面の都合上，本稿では紹介できませんが，他の NAS については，文献 [41, 42] などのサーベイ論文を参照してください。

2.9　現状の NAS の課題

　NAS によって発見されたネットワーク構造は，人手で設計されたネットワーク構造よりも基本的に優れた性能を示します。しかしながら，現状の NAS には以下の課題が存在します。

- 膨大な探索空間を探索しきれていない
- 探索空間の多様性が低い

膨大な探索空間

　1 つ目の課題は，現状の NAS 手法は用意された探索空間を十分に探索しきれていないという点です。表 2 に既存の探索空間のサイズ例を示します。サンプル可能なネットワーク構造数がだいたい 10^{10}〜10^{110} のオーダであり，このような膨大な探索空間を現実的な計算コストで探索することは困難であるため，空間内の一部分しか探索できません。実際，複数の NAS 手法の探索性能を調査した研究 [43] では，DARTS や ENAS は最良のネットワーク構造を発見できていないことが報告されています。重み共有などの技術で探索が高速化されているとはいえ，効果的に探索するためには，さらなる劇的な高速化が必要になります。

　この問題を解決しうる 1 つの方法が，**学習不要な NAS**（training-free NAS）です [44]〜[48]。学習不要な NAS では，探索空間からサンプルされたモデルをいっさい学習せず，初期化時の状態でネットワーク構造の良し悪しを判断します。以下では，ViT の学習をいっさいせずに，優れた ViT の構造を探索できる TF-TAS（training-free Transformer architecture search）[47] について簡単に紹介します。

表 2　探索空間のサイズ例。探索空間のサイズは，異なるネットワーク構造が探索空間内にどれだけ含まれているかを表します。

手 法	探索空間のサイズ
AutoFormer [23]	1.7×10^{16}
DARTS [15]	1.0×10^{25}
Evolved Transformer [40]	7.3×10^{113}

TF-TAS

TF-TAS [47] では，(i) マルチヘッド注意機構内の重み行列のランクと，(ii) フィードフォワード層の重み行列の顕著性（saliency）の 2 つを，構造の良し悪しを判断する指標として用います。前者は，マルチヘッド注意機構内の各ヘッドの多様性が性能向上に寄与することに基づいています。実際，Transformer は多層になるにつれて，マルチヘッド注意機構内の多くのヘッドが類似した特徴抽出を行う傾向にあり（つまり，特徴マップのランクが 1 に近づく），結果として性能劣化に繋がってしまうことが報告されています [49]。後者は，フィードフォワード層は枝刈りに対して敏感であるという事実から，枝刈り手法の 1 つである synaptic saliency [50] で提案されている指標を用いています。重み共有を用いる NAS 手法は，巨大な親ネットワークから優れた部分的なサブネットワークを探索する問題に帰着するので，ネットワークの枝刈りタスクと類似しています。そのため，従来の枝刈り手法を利用するのは合理的だといえます。

TF-TAS では，AutoFormer の探索空間からランダムにサンプリングされたモデルの初期化時のこれら 2 つの指標値の和と，学習後の分類精度の間に，強い正の相関[15]があることを報告した上で，8,000 個の子ネットワークをランダムサンプリングして上述の 2 つの指標値を算出し，最も高い指標値を示す子ネットワークを探索結果としています。TF-TAS によって発見されたモデルは，AutoFormer で発見されたモデルよりも優れた分類精度を示しました。なおかつ，探索中にモデルの学習が不要であるため，AutoFormer よりも約 50 倍高速です。

15) ケンダールの順位相関が 0.65。

探索空間の多様性の欠如

現状の NAS におけるもう 1 つの課題は，探索空間の多様性が低いことです。初期の NAS 研究では CNN 全体のネットワーク構造を探索しており，この場合，層間の接続関係に関する設計は，高い自由度をもちます [3, 7, 10]。そのため，発見されるネットワーク構造の多様性が高く，新しいネットワーク構造が発見される可能性を含んでいたと考えられます。しかしながら，2.3 項で説明したように，現在は最適化を容易にするために探索空間の多様性を犠牲にする傾向にあり，目新しい構造を発見できる可能性は低くなりつつあります。特に，層間の接続関係についてはほぼ固定化されており，各層の演算種類の選択に主眼が移ってきています。また，候補となる演算についても，すでに有効性が確認されているものを採用することが多く，真に新しいネットワーク構造を探索しているとはいえない状況です。

実際，DARTS で提案されている探索空間上での，DARTS とランダムサーチそれぞれで発見された CNN モデルの性能比較により，ランダムサーチでも

DARTS と遜色ないネットワーク構造を発見できることが複数の研究で報告されています [51, 52]。この結果からは，人が作り込んだリッチな探索空間を探索しているがゆえに，ランダムサーチのような単純な探索でも，もととなる選択肢が強力でありさえすれば，強力なモデルを発見できてしまうことが示唆されます。同時に，DARTS のような探索手法がうまく探索できていないことも考えられます。つまり，真に有用なネットワーク構造を発見するためには，探索空間を改善するだけではなく，探索アルゴリズムの改善も必要です。

なお，ここで 1 つ注意しておきたいのは，NAS の目的は大きく 2 つあるということです。1 つは，これまでになかった本当に新しく，かつ汎用性のあるネットワーク構造を発見することです。そして，もう 1 つは既存のネットワーク構造の洗練化です。たとえば，ResNet は非常に優れた CNN ですが，その構造は完全には最適化されていません。実際，文献 [53] では，ResNet を起点として，それにさまざまな改良を加えていくことで，ImageNet-1K 上での分類精度を約 4% 改善し，最新の Swin Transformer [54] と同等の性能を示せることが報告されています。このように，既存の深層学習モデルの洗練化を目的とするのであれば，近年の NAS 手法は効果的であるといえます。

ただし，現在の主流である CNN や Transformer [55] と根本的に異なるモデルが発見される可能性は，ほとんどありません。四則演算単位から深層学習モデルを NAS で構築する方法 [56] も提案されていますが，探索空間が巨大すぎるため，計算コストが非現実的な上，優れたモデルを設計することは容易ではありません。といいつつも，Transformer のようなブレイクスルーを起こすためには，文献 [56] のように既存の探索空間の外を探索するような NAS 研究が必要かもしれません。

3 ハイパーパラメータ最適化（HPO）

本節では，深層学習のためのハイパーパラメータ最適化について解説します。ネットワーク構造と同様に，モデルのハイパーパラメータは深層学習モデルの性能に大きな影響を与えます。NAS で扱ったモデルのネットワーク構造もハイパーパラメータと考えられますが，ハイパーパラメータ最適化の文脈では，学習率や活性化関数の種類，正則化の強さ（たとえば，ドロップアウト率など）を対象とするのが一般的です。これらのハイパーパラメータの種類は数個〜数十個であるため，ハイパーパラメータ最適化は，典型的には数十次元程度の最適化問題を扱います。NAS の探索空間と比べると，ハイパーパラメータ最適化の探索空間は小さいですが，それでも組み合わせ数は膨大になるため，人手で調整するには多大な労力と経験が必要になります。

表 3 ViT と DeiT のハイパーパラメータの比較（文献 [27] から引用）

手法	ViT-B/16 [1]	DeiT-B/16 [27]
ImageNet Top-1 Acc.	77.9%	81.8%
エポック数	300	300
ミニバッチサイズ	4,096	1,024
オプティマイザ	AdamW	AdamW
学習率	0.003	$0.0005 \times \frac{\text{ミニバッチサイズ}}{512}$
学習率のスケジューリング	cosine	cosine
重み減衰	0.3	0.05
ウォームアップ数	3.4	5
ラベル平滑化 ε	✗	0.1
ドロップアウト	0.1	✗
Stoch. Depth	✗	0.1
Repeated Aug	✗	✓
Gradient Clip.	✓	✗
Rand Augment	✗	9/0.5
Mixup prob.	✗	0.8
Cutmix prob.	✗	1.0
Erasing prob.	✗	0.25

　たとえば，表 3 に ViT [1] と DeiT [27] のハイパーパラメータ例を示します。ViT は提案された当初，ImageNet-1K のみの学習を行った場合，CNN に比べて性能が劣っていました。しかしながら，DeiT は ViT のハイパーパラメータを表 3 のように調整することで，ImageNet-1K のみの学習でも，CNN と同等程度の性能を示せることを明らかにしました[16]。ViT のネットワーク構造を修正することなく，約 4% も分類精度を向上させ，結果として CNN に比肩させたことからも，いかにハイパーパラメータの調整が重要かがわかります。

　以下では，まず 3.1 項で，ハイパーパラメータ最適化で一般的に利用されるブラックボックス最適化について簡単に説明します。次に，3.2～3.5 項で 4 種類のブラックボックス最適化手法を紹介し，3.6 項でそれらを比較してブラックボックス最適化をまとめます。本節最後の 3.7 項では，ハイパーパラメータ最適化を実際に利用する際に役立つガイドラインを示します。

3.1 ブラックボックス最適化

　ハイパーパラメータ最適化では，ハイパーパラメータに対する勾配計算が大変であることや，離散値のパラメータやカテゴリカル変数が存在することから，SGD を用いてハイパーパラメータ値を直接最適化することは困難です。NAS の場合もカテゴリカル変数（たとえば，演算種類の選択など）が存在しましたが，DARTS のようにすべての演算を実行し，それらの結果を統合することで，計算グラフに乗せることができるため，SGD で直接最適化が可能でした。しか

16) DeiT では，さらに知識蒸留を用いることで，ViT の分類精度をもう 1 段階向上させています。

しながら，たとえば，使用するオプティマイザや正則化の種類などのカテゴリカル変数を考えた場合，これらを同時に実行し，その結果を統合することは明らかに有効ではありません。そのため，SGD で直接最適化が可能なのは，オプティマイザに関する学習率や重み減衰などの限定的なハイパーパラメータに留まっています [57]。

そういった背景から，深層学習（機械学習）のハイパーパラメータ最適化には，**ブラックボックス最適化**（black-box optimization）が一般的に用いられます。ブラックボックス最適化は，勾配や目的関数の関数形などの情報をいっさい必要とせず，目的関数値のみを用いて最適化を行います。つまり，深層学習モデルの出力値（分類精度や損失値）のみを用いて，ハイパーパラメータの最適化が可能です[17]。

17) 強化学習や進化計算法による NAS [3,7] も，ブラックボックス最適化の一種です。

以下の 3.2〜3.5 項では，代表的なブラックボックス最適化手法であるグリッドサーチ，ランダムサーチ，Sequential Model-based Global Optimization，進化計算法について詳述します。

3.2 グリッドサーチ

最も直感的かつ素直な方法は，**グリッドサーチ**（grid search）です。グリッドサーチは，各ハイパーパラメータの代表値をサンプリングし，それらの直積を探索空間とします。たとえば，ある 2 つのハイパーパラメータをグリッドサーチで探索するとします。ここでは，それぞれのハイパーパラメータの定義域を [0.0, 1.0] とし，かつ 0.25 刻みでサンプリングするとします。このとき，評価されるハイパーパラメータの組は，図 14 に示すとおりです。

あるサンプル点の結果がほかのサンプリングに影響を与えることがないため，

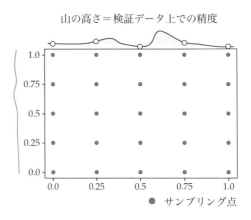

図 14　2 つのハイパーパラメータを 0.25 刻みでサンプリングし，グリッドサーチする例

グリッドサーチは非同期に並列化して評価（探索）を行えます。そのため，並列実行可能な計算資源がある場合は，効率的に探索を実行できます。また，連続値，離散値，カテゴリカル変数のハイパーパラメータ[18]を扱える点も利点です。

　一方で，グリッドサーチは性能に対して支配的なハイパーパラメータが含まれている場合，効果的に探索できないという問題があります。支配的なパラメータというのは，探索対象のハイパーパラメータのうち，性能に対して特に大きな影響を与えるハイパーパラメータを指します。たとえば，深層学習の場合は，学習率がその最たる例です。図 14 の例では，横軸のハイパーパラメータを支配的なハイパーパラメータとしています。このような状況では，横軸に関して密にサンプリングすることが重要になりますが，グリッドサーチではどちらの軸も同様に規則的にサンプルするため，効果的なサンプリングができません。グリッドの上の青いグラフに注目すると，結局，性能を最大化するハイパーパラメータをサンプルできていないことがわかります。この例では，異なるハイパーパラメータ値のサンプル点が 5 つしかなく，残りの 20 点はほとんど意味をなしておらず，非常に非効率な探索となっています。

　機械学習においては，このように各ハイパーパラメータの性能に対する影響度が偏っている場合が多いという報告があります [58, 59, 60]。そのため，支配的なハイパーパラメータに対する探索の頑健性は，ハイパーパラメータ最適化手法の重要な性質といえます。

3.3　ランダムサーチ

　ランダムサーチもグリッドサーチと並んで，機械学習分野で幅広く用いられている探索方法です。ランダムサーチは，乱数生成器の出力を用いて，ハイパーパラメータをサンプリングします。ランダムサーチも，毎回のサンプリング結果がほかのサンプリングに影響を与えることがないため，非同期に並列で実行できます。また，連続値，離散値，カテゴリカル変数を含む探索空間に適用できるため，広い範囲を扱えます。

　グリッドサーチとの最大の違いは，支配的なハイパーパラメータに対して頑健である点です。図 15 (a) に，一様乱数列でハイパーパラメータをサンプリングした結果を示します（グリッドサーチのときとまったく同じ実験設定）。図からわかるように，ランダムサーチの場合は最適値に近いハイパーパラメータをサンプリングできています。これは，25 回すべてのサンプリングにおいて，横軸のハイパーパラメータのサンプル値が変化しており，網羅的にサンプリングできているためです。よって，グリッドサーチのときのような，無駄なサンプリングが発生しにくくなります。

　一方で，一様乱数列のような標準的な乱数列を用いた場合は，類似したハイパー

[18] 深層学習における連続値のハイパーパラメータの例として，学習率や重み減衰などが挙げられます。離散値のハイパーパラメータは，ミニバッチサイズやエポック数，カテゴリカル変数では活性化関数やオプティマイザの種類などが該当します。

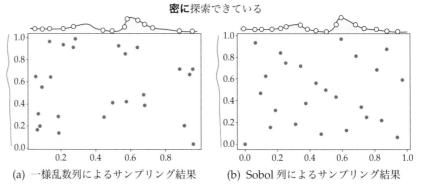

図 15　一様乱数列と Sobol 列（超一様分布列の一種）によるサンプリング例。グリッドサーチとは異なり，両者とも支配的なハイパーパラメータ（横軸）を密にサンプリングできていることがわかります。

パラメータをサンプルすることがしばしばあり，若干非効率です。この課題を解決するために，標準的な擬似乱数列を改良した**超一様分布列**（low-discrepancy sequence）を用いたランダムサーチも提案されています [58]。超一様分布列は，擬似乱数列に一様性を導入したものであり，一般的な擬似乱数列よりも満遍ないサンプリングが可能です。図 15 (b) に，超一様分布列の一種である Sobol 列 [61] によるサンプリング結果を示します。図からわかるように，Sobol 列のほうが一様乱数列よりも網羅的にハイパーパラメータをサンプリングできています。なお，一様性にこだわるのであれば，「グリッドサーチでよいのでは？」と思うかもしれませんが，上述したようにグリッドサーチは支配的なハイパーパラメータに対して非効果的であり，かつ次元数が増えるにつれてサンプリング点が爆発的に増加してしまいます[19]。

[19] たとえば，10 次元空間の各軸を 4 分割しただけで，$4^{10} \approx 1.04 \times 10^6$ ものサンプリング点が必要になります。

3.4　Sequential Model-based Global Optimization（SMBO）

　網羅的に探索を行いたい場合，ランダムサーチは有効な方法となりますが，もっと効率的な探索方法がありそうです。たとえば，有望なハイパーパラメータのサンプリング領域が偏在している場合（図 15 の横軸の 0.6 付近），その周辺を重点的に探索すると，より効果的です。当然，探索前にそのような地点を予測することはできませんが[20]，探索途中の評価結果を利用すれば，大まかな予測はできそうです。この探索途中の評価結果をもとに，次の有望そうなサンプリング点を予測しながら探索を行うのが，**Sequential Model-based Global Optimization**（SMBO）[62] と呼ばれる方法です。

[20] 予測できるのであれば，そもそもハイパーパラメータ最適化を行う必要がありません。

　SMBO のアルゴリズムを Algorithm 1 に示します。SMBO では，まずランダ

Algorithm 1　Sequential Model-based Global Optimization（SMBO）

1: Input：代理モデル M, 獲得関数 S, 探索履歴 $\mathcal{H}$, 評価関数 f, 探索回数 T

2: Output：探索履歴 $\mathcal{H}$

3: $M_0 \leftarrow M$

4: **for** $t \leftarrow 1$ to T **do**

5:　　$\bar{x} \leftarrow \mathrm{argmin}_x S(x, M_{t-1})$　　# 最も有望な探索点 $\bar{x}$ をサンプリング

6:　　Evaluation of $f(\bar{x})$　　　　　　# 新しい探索点 $\bar{x}$ を評価

7:　　$\mathcal{H} \leftarrow \mathcal{H} \cup \big(\bar{x}, f(\bar{x})\big)$　　# 評価結果を探索履歴 $\mathcal{H}$ に追加

8:　　Fit a new model M_t to $\mathcal{H}$　　# 代理モデル M_t を更新

9: **end for**

ムサーチを行って，いくつかのハイパーパラメータ値とその評価値のペアデータを収集し，探索履歴 $\mathcal{H}$ として記録します。その後，得られたペアデータを用いて代理モデルを構築します。続いて，構築した代理モデルから獲得関数を計算し，その獲得関数値を最大化するようなハイパーパラメータを次の探索点として選択します。そして，選択されたハイパーパラメータを実際に評価し，その結果を探索履歴 $\mathcal{H}$ に追加します。その後，更新された探索履歴 $\mathcal{H}$ を用いて，代理モデルを更新し，獲得関数を最大化するように次点のハイパーパラメータをサンプリング… という処理を以降繰り返します。

代理モデルにガウス過程（Gaussian process; GP），獲得関数に**期待改善度**（expected improvement; EI）を採用した方法は **GP-EI** [63] と呼ばれる，代表的なハイパーパラメータ最適化手法です。また，代理モデルに **Tree-structured Parzen Estimator**（TPE）[62], 獲得関数に EI を用いた方法は **TPE** と呼ばれ，こちらも幅広く利用されている代表的なハイパーパラメータ最適化手法です。そのほかにも代理モデルにランダムフォレスト，獲得関数に EI を用いた SMAC [64] や獲得関数に Upper Confidence Bound（UCB）[65] や Probability of Improvement（PI）[66] を用いた方法も提案されています。これらの方法もグリッドサーチやランダムサーチと同様に，連続値，離散値，カテゴリカル変数の最適化が可能です。

なお，SMBO ではハイパーパラメータのサンプリングと評価を逐次的に実行する必要があるため，基本的には探索の並列化には適していません。しかし，並列化は効率化の観点から重要であるため，並列化の試みも行われています [67, 63, 62]。ただし，並列化を行う際は，探索精度と効率性のトレードオフに注意する必要があります。以下では最も幅広く利用されている TPE について解説します。

TPE には，各次元（各ハイパーパラメータ）を独立に扱う単変量 TPE と，全次元を同時に考慮する多変量 TPE が存在しますが，ここでは単変量 TPE（以下，TPE）について説明します。

TPE はカーネル密度推定に基づく代理モデルを用います。具体的には，式 (14) に示すように，評価値が良いハイパーパラメータの確率分布 $l(x)$ と，評価値が悪いハイパーパラメータの確率分布 $g(x)$ の 2 つをカーネル密度推定によって推定します。

$$M = p(x|y) = \begin{cases} l(x), & y > \acute{y} \text{ の場合} \\ g(x), & y \le \acute{y} \text{ の場合} \end{cases} \tag{14}$$

$\acute{y}$ は TPE のハイパーパラメータで，与えられた y が性能の良いハイパーパラメータかどうかを決定するためのしきい値です。実装時は，探索履歴 $\mathcal{H}$ 内の評価値が上位 K 個のハイパーパラメータを性能の良いハイパーパラメータ，それ以外を性能の悪いハイパーパラメータとして振り分けます。K の値は TPE のハイパーパラメータであり，たとえばハイパーパラメータ最適化用のライブラリである Optuna [67] では，$K = \min(0.1t, 25)$ がデフォルト値として使用されています（t は現時点でのサンプリング数）。

続いて，振り分けたハイパーパラメータ $\mathcal{L}_t = \{x_i | y_i > \acute{y}\}$, $\mathcal{G}_t = \{x_i | y_i \le \acute{y}\}$ について，確率分布 $l(x), g(x)$ をそれぞれ計算します。ハイパーパラメータ x が連続値である場合は，混合正規分布を用いて，式 (15) のようにモデル化します[21]。

<aside>[21] 確率分布 $g(x)$ については，$\mathcal{L}_t$ の部分を $\mathcal{G}_t$ に変更し，同様に計算します。</aside>

$$l(x) = \sum_{x_i \in \mathcal{L}_t} w_i \mathcal{N}\left(x_i, \sigma_i^2\right) \tag{15}$$

w_i は各正規分布の重みであり，$w_i = 1/|\mathcal{L}_t|$ などのように求めます。$\mathcal{N}(\mu, \sigma^2)$ は平均 μ，分散 σ^2 の正規分布を表します。σ_i^2 は，$\mathcal{L}_t$ 内の各要素 x_i をソートし，ソート後の x_i の両隣の要素との差分をそれぞれ計算して，差分が大きいほうをとったものです。確率分布 $l(x)$ の概念図を図 16 に示します。要は，各正規分布 $\mathcal{N}(x_i, \sigma_i^2)$ を w_i で重み付けし，加算しているだけです。単変量 TPE の場合は，この確率分布 $l(x)$ の構築をハイパーパラメータごとに行います。

ハイパーパラメータ x がカテゴリカル変数（もしくは離散変数）の場合は，式 (16) で確率分布をモデル化します。

$$l(x = C_k | \mathcal{L}_t) = \sum_{i=1}^{|\mathcal{L}_t|} w_i c_{i,k} \tag{16}$$

$\{C_k\}_{k=1}^{K}$ は探索空間内のカテゴリカル変数を表し，カテゴリカル変数は K 個存在するとしています。$c_{i,k}$ は次式で求めます。

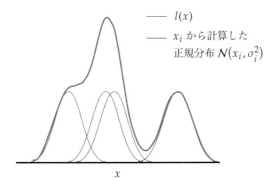

$$c_{i,k} = \frac{N_{i,k}}{\sum_{k'=1}^{K} N_{i,k'}} \tag{17}$$

$$N_{i,k} = \mathbb{1}_{ik} + w_0 \tag{18}$$

$\mathbb{1}_{ik}$ は指示関数を表しており，式 (18) はハイパーパラメータ x_i が探索空間内の
カテゴリカル変数 C_k に一致するときに，事前に定めた定数 w_0 に 1 を加算する
ことを意味します。つまり，式 (16) はこれまでにサンプルされたカテゴリカル
変数 C_k の度数をもとに構築した確率分布を示しています。このモデル化をカ
テゴリカル変数 C_k ごとに実施します。

　続いて，TPE では式 (19) で定義される EI（期待改善度）を最大化するハイ
パーパラメータ x を次点の探索点とします。EI は，これまでに良い評価値を示
している探索点の周辺や未探索領域において高い値を示します。

$$S = \mathrm{EI}_{\acute{y}}(x) = \int_{-\infty}^{\infty} \max\left(\acute{y} - y, 0\right) p\left(y|x, \mathcal{H}\right) dy \tag{19}$$

そして，式 (19) の EI の最大化は，$l(x)/g(x)$ を最大化することと等価であるこ
とが示せます（導出は文献 [62] に譲ります）。ゆえに，各ステップにおいて，あ
らかじめ決められた数だけ $l(x)$ からハイパーパラメータ値 x をサンプルし，そ
の中で $l(x)/g(x)$ が最大になる $\acute{x}$ を，次ステップの探索点とします。

　TPE は，連続値，離散値，カテゴリカル変数を扱うことができ，また GP-EI
と比べて計算量も小さいため，幅広く用いられています。

3.5　進化計算法

　NAS と同様に，進化計算法はハイパーパラメータ最適化にも適用可能です。ハ
イパーパラメータ最適化の分野では，**Covariance Matrix Adaptation Evolution**

Strategy（CMA-ES）[68, 69] が有力な進化計算法として利用されています。

CMA-ES は正規分布を用いた直接探索法であり，正規分布 $N(m, \sigma^2 C)$ の平均ベクトル m，ステップサイズ σ，共分散行列 C を更新することで，最適解におけるディラックのデルタ分布へと探索を収束させます。CMA-ES では，各個体 $x_k \in \mathbb{R}^{D}$ [22] が1つのハイパーパラメータ設定に対応し，各探索ステップで以下の処理を繰り返します。

22) D は探索対象のハイパーパラメータの種類を表します。

1. K 個の個体を正規分布 $N(m, \sigma^2 C)$ から生成する。
2. 生成された個体をすべて評価し，評価値に応じて各個体の重み w_k を計算する。
3. 重みや標準正規分布を用いて，正規分布 $N(m, \sigma^2 C)$ の平均ベクトル m，ステップサイズ σ，共分散行列 C を更新する。
4. 以降，1〜3 を繰り返す。

アルゴリズムの詳細は，文献 [70] を参照してください。図 17 に CMA-ES の探索過程の概要図を示します。

CMA-ES における個体は実数ベクトルで表現されるため，基本的には連続値のハイパーパラメータしか扱えません。ただし，整数に丸めれば離散値も扱うことが可能です。カテゴリカル変数のハイパーパラメータを進化計算法で扱う場合は，CMA-ES ではなく，遺伝的アルゴリズムの利用が必要です。進化計算

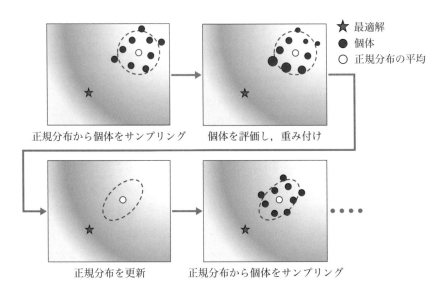

図 17　CMA-ES による探索の概念図。正規分布 $N(m, \sigma^2 C)$ の平均ベクトル m，ステップサイズ σ，共分散行列 C を更新することで，徐々に最適解へと収束させます。

法によるハイパーパラメータ最適化では，各個体の評価は並列化できるため，SMBO よりも効率的に探索できます。なお，個体評価後の世代交代に関する処理（たとえば，CMA-ES の場合は正規分布のパラメータ更新）は逐次的に実行する必要があるため，並列化できないことに注意してください。

3.6　ブラックボックス最適化手法の比較

表 4 に，代表的なブラックボックス最適化手法の特徴比較を示します。なお，表 4 に記載してある特徴はあくまで一部の目安であり，対象とする問題の性質や実装方法，手もとの計算資源によって，状況が変わることに注意してください。たとえば，表 4 だけを見ると，ランダムサーチ（および超一様分布列によるランダムサーチ）が最適な手法に見えますが，有望な探索点領域が探索空間内に偏在する場合，TPE や GP-EI のほうが効果的に探索できる可能性が高いと考えられます。また，探索空間が低次元かつ多峰性の性質をもつ場合，GP-EI は有力な候補になりますし，Optuna では TPE や GP-EI は並列実行可能なので，探索を高速化できます。さらに，ランダムサーチに 2 倍の探索コストをかけると，TPE や SMAC などと同程度の探索性能を達成できるという報告 [71] もあります。

表 4　代表的なブラックボックス最適化手法の比較。n は探索点数，d は探索空間の次元数を表します。並列性の評価は，手法間の相対的な評価であることに注意してください。たとえば，TPE による探索の並列性が △ になっていますが，TPE の探索の絶対的な並列性が低いのではなく，ランダムサーチなどと比較すると低いということを示しています。探索コストの値は文献 [72] から引用しています。

手法	並列性	探索空間	探索コスト
グリッドサーチ	◎	連続・離散・カテゴリ	$O(nd)$
ランダムサーチ	◎	連続・離散・カテゴリ	$O(d)$
超一様分布列	◎	連続・離散・カテゴリ	$O(d)^\dagger$
GP-EI	△	連続・離散・カテゴリ	$O(n^3)$
TPE	△	連続・離散・カテゴリ	$O(nd \log n)$
CMA-ES	○	連続・離散	$O(d^3)$

† 超一様分布列の種類によって探索コストは変わります。

3.7　ハイパーパラメータ最適化手法の実用上のガイドライン

最後に，実際にハイパーパラメータ最適化を実行する際のガイドラインの一例を紹介します。まず，念頭に置いてほしいことは，「TPE や CMA-ES などのハイパーパラメータ最適化手法をいきなり適用しない」ということです。これらのハイパーパラメータ最適化手法が有用であることは言うまでもありませんが，探索空間のサイズが大きい場合は，期待どおりにモデルの性能を改善でき

る可能性は高くありません。

たとえば，ViTのハイパーパラメータ最適化を行いたい場合，表3に記載したハイパーパラメータのすべてをTPEやCMA-ESで同時に探索することは避けたほうがよいでしょう。理由は大きく2つあります。

- 組み合わせ数が膨大なので，本当に有効なハイパーパラメータ値が選択される可能性が低いです。たとえば，オプティマイザの選択（SGDもしくはAdamW）と学習率について注目したとします。このとき，AdamWにとっては有効な学習率がサンプルされたが，逆にSGDにとっては有効でない学習率のみがサンプルされるといった現象は，探索空間が大きくなるほど，起こりやすくなります。その際，オプティマイザはAdamWが良いのか，SGDのほうが良いのかは適切に検証できていません。
- すべてのハイパーパラメータを混ぜて探索することで，どのハイパーパラメータが重要で，どのハイパーパラメータが不必要なのかの見通しが悪くなります。そのため，性能改善のための実験計画が立てづらくなります。

よって，対象としているタスクや深層学習モデル，そして探索空間サイズに応じて，その都度工夫を加えつつ，ハイパーパラメータ最適化手法を利用することが重要です。以下では，いくつかのシナリオ別にハイパーパラメータ最適化の方針を提供します。

類似の問題を扱った論文があるか

ハイパーパラメータ最適化を実施する前にまず行うべきことは，手もとの問題と類似した問題を扱っている論文がすでにあるかどうかを調査することです。

論文がある場合：その論文内で使用されているモデルやハイパーパラメータ設定を実験の初期設定とするとよいでしょう。これは，論文の著者らがハイパーパラメータの調整をすでに十分に行っていることを期待しています。もしそうだとすれば，改めてハイパーパラメータ最適化を行う必要性は低くなります。もちろん，再現性がしっかりと担保されていることが大前提ですが，まったく検討外れな設定をしていることは少ないと考えられます。もし，同様のハイパーパラメータ設定を採用しても，手もとの問題で所望の結果が得られなかったら，ハイパーパラメータ最適化手法を利用します。このとき，すべてのハイパーパラメータを同時に探索するのは非効率なので，重要なハイパーパラメータについてのみ最適化を行うか，以下の「探索空間のサイズが大きい場合：探索空間の分割」の項を参照し，探索空間を分割して各探索空間でハイパーパラメータ最適化を実施します。

論文がない場合：手もとの問題と同じ分野のシンプルかつ代表的なモデルとそ
のハイパーパラメータ設定を初期設定として採用するのが定石です。画像認
識のタスクであれば，たとえば ResNet, EfficientNet, Swin Transformer な
どです。実験の効率を最大化するために，ミニバッチサイズは手もとの GPU
で扱えるギリギリの値に設定します。学習率は，代表的なモデルの規定値を
参照しつつ，小規模な実験で選定します。たとえば，数エポックだけ訓練し
てみて，学習損失が問題なく減少する学習率を選びます。学習初期の挙動が
不安定な場合は，学習率のウォームアップもしくは勾配クリッピングを利用
します。

探索空間のサイズはどれくらいか

もし，性能に大きな影響を与える重要なハイパーパラメータが経験的にわか
るなら，その重要なハイパーパラメータで構成される探索空間のサイズによっ
て方針は変わります。なお，探索空間のサイズの大小は，手もとの計算資源の
規模に依存するため，一概に定義できないことに注意してください。一例とし
て，文献 [72] では，TPE は 1,000 ステップほどの探索，CMA-ES は 10,000 ス
テップほどの探索を推奨しています。これらの探索ステップ数と 1 ステップ当
たりの計算時間を考慮することで，探索の計算コストを概算できます。その計
算コストが現実的なものであれば，探索空間は小さいといえるでしょう。

　探索空間サイズでスタートするハイパーパラメータ最適化手法の選択の指針
例を以下に示します（図 18）。

探索空間のサイズが小さい：並列実行可能な計算資源が潤沢な場合は，ランダ
ムサーチ，超一様分布列，もしくは CMA-ES を利用するとよいでしょう。並
列実行可能な計算資源が限られている場合は，SMBO を使用します。特に，
探索空間の次元数が小さい場合（10 次元未満）は GP-EI を採用し，それ以外

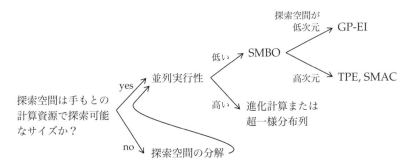

図 18　探索空間サイズをもとにした，ハイパーパラメータ最適化手法の選択指
針例

は TPE もしくは SMAC を採用します。

探索空間のサイズが大きい：以下の「探索空間のサイズが大きい場合：探索空間の分割」の項を参照して探索空間の分割を行い，それぞれの探索空間で，上記の「探索空間のサイズが小さい」を参考に，ハイパーパラメータ最適化を実施します。

探索空間のサイズが大きい場合：探索空間の分割

　探索空間のサイズが大きい場合は，手動で探索空間を分割し，段階的にハイパーパラメータ最適化を実行するのが現実的です。このとき重要になってくるのが，探索空間の分割方法です。分割は，各探索での目的を明確にしつつ，（理想的には）ほかのハイパーパラメータに影響を与えにくいものから探索を始められるとよいでしょう。

　たとえば，学習率の影響度が最も高く，続いて正則化の種類，データ拡張の種類，オプティマイザの種類であると仮定すると，まずオプティマイザの種類に関する探索から始めると効率的です。なお，すべての探索において，影響度が大きい学習率は常に探索空間に含める必要があります。SGD にとって最適な学習率と AdamW にとって最適な学習率は異なるため，学習率を固定すると不公平な比較になってしまうためです。

　しかし，そうなってくると，自然と探索空間が大きくなってしまいます。そのため，どのように探索空間を分割するかは，結局のところ，手もとの計算資源や費やせる時間との相談になります。それらが限られているのであれば，探索空間をなるべく小さくし，探索範囲を妥協する必要があります。逆に，計算資源や費やせる時間が潤沢である場合は，大きめに探索空間を分割し，ランダムサーチや超一様分布列で網羅的に探索するのが良い選択肢となります。深層学習モデルの振る舞いを理論のみで予測することはまだ難しく，実験的に対応せざるを得ないため，探索空間を分割する際は，これまでの経験値や過去の文献情報も重要になります。

重要なハイパーパラメータがわからない場合

　まずは，固定できそうなハイパーパラメータを固定します。以下はその一例です。

- ネットワーク構造に関するハイパーパラメータ：構造によって学習時間が変動し，計算資源の管理が難しくなるため，標準的な設定で固定します。
- ミニバッチサイズ：実験の効率化のため，GPU が扱える最大のミニバッチサイズに固定します。

- オプティマイザの種類：同分野の代表的なオプティマイザに固定します。

続いて，ランダムサーチもしくは超一様分布列を用いて，網羅的にハイパーパラメータをサンプリングして，性能に敏感もしくは鈍感なハイパーパラメータを見つけます。性能に鈍感なハイパーパラメータについては固定し，敏感なハイパーパラメータについてのみ探索を行います。このとき，敏感なハイパーパラメータの探索空間が大きい場合は，上記の「探索空間のサイズが大きい場合：探索空間の分割」に従い，探索空間の分割を行います。

おわりに

本稿では，深層学習のための AutoML として，ニューラル構造探索（NAS）とハイパーパラメータ最適化（HPO）について，代表的な手法を取り上げて解説しました。AutoML はまだ始まったばかりの研究分野であり，課題も多くあります。そのため，深層学習の開発工程を完全に自動化することはまだ困難です。言うなれば，現状は Semi-AutoML といったところです。しかし，裏を返せば，それはまだ研究すべきことやエンジニアリングすべきことが数多く残っているということを意味します。本稿が皆様のお役に少しでも立てば幸いです。

参考文献

[1] Alexey Dosovitskiy, Lucas Beyer, Alexander Kolesnikov, Dirk Weissenborn, et al. An image is worth 16x16 words: Transformers for image recognition at scale. In *ICLR*, 2021.

[2] Kaiming He, Xiangyu Zhang, Shaoqing Ren, and Jian Sun. Deep residual learning for image recognition. In *CVPR*, pp. 770–778, 2016.

[3] Barret Zoph and Quoc V. Le. Neural architecture search with reinforcement learning. In *ICLR*, 2017.

[4] Bowen Baker, Otkrist Gupta, Nikhil Naik, and Ramesh Raskar. Designing neural network architectures using reinforcement learning. In *ICLR*, 2017.

[5] Ronald J. Williams. Simple statistical gradient-following algorithms for connectionist reinforcement learning. *Machine learning*, Vol. 8, pp. 229–256, 1992.

[6] Gao Huang, Zhuang Liu, Laurens Van Der Maaten, and Kilian Q. Weinberger. Densely connected convolutional networks. In *CVPR*, pp. 4700–4708, 2017.

[7] Esteban Real, Sherry Moore, Andrew Selle, Saurabh Saxena, Yutaka L. Suematsu, Jie Tan, Quoc V. Le, and Alexey Kurakin. Large-scale evolution of image classifiers. In *International Conference on Machine Learning*, pp. 2902–2911, 2017.

[8] J. David Schaffer, Darrell Whitley, and Larry J. Eshelman. Combinations of genetic algorithms and neural networks: A survey of the state of the art. In *COGANN*, pp. 1–37, 1992.

[9] Kenneth O. Stanley and Risto Miikkulainen. Evolving neural networks through augmenting topologies. *Evolutionary computation*, Vol. 10, No. 2, pp. 99–127, 2002.

[10] Masanori Suganuma, Shinichi Shirakawa, and Tomoharu Nagao. A genetic programming approach to designing convolutional neural network architectures. In *GECCO*, pp. 497–504, 2017.

[11] Barret Zoph, Vijay Vasudevan, Jonathon Shlens, and Quoc V. Le. Learning transferable architectures for scalable image recognition. In *CVPR*, pp. 8697–8710, 2018.

[12] Esteban Real, Alok Aggarwal, Yanping Huang, and Quoc V. Le. Regularized evolution for image classifier architecture search. In *AAAI*, pp. 4780–4789, 2019.

[13] Chenxi Liu, Barret Zoph, Maxim Neumann, Jonathon Shlens, et al. Progressive neural architecture search. In *ECCV*, pp. 19–34, 2018.

[14] Hieu Pham, Melody Guan, Barret Zoph, Quoc Le, and Jeff Dean. Efficient neural architecture search via parameters sharing. In *ICML*, pp. 4095–4104, 2018.

[15] Hanxiao Liu, Karen Simonyan, and Yiming Yang. DARTS: Differentiable architecture search. In *ICLR*, 2019.

[16] Arber Zela, Thomas Elsken, Tonmoy Saikia, Yassine Marrakchi, et al. Understanding and robustifying differentiable architecture search. In *ICLR*, 2020.

[17] Xin Chen, Lingxi Xie, Jun Wu, and Qi Tian. Progressive DARTS: Bridging the optimization gap for nas in the wild. *International Journal of Computer Vision*, Vol. 129, pp. 638–655, 2021.

[18] Xiangxiang Chu, Tianbao Zhou, Bo Zhang, and Jixiang Li. Fair DARTS: Eliminating unfair advantages in differentiable architecture search. In *ECCV*, pp. 465–480, 2020.

[19] Han Cai, Ligeng Zhu, and Song Han. ProxylessNAS: Direct neural architecture search on target task and hardware. In *ICLR*, 2019.

[20] Shoukang Hu, Sirui Xie, Hehui Zheng, Chunxiao Liu, et al. DSNAS: Direct neural architecture search without parameter retraining. In *CVPR*, pp. 12084–12092, 2020.

[21] Shinichi Shirakawa, Yasushi Iwata, and Youhei Akimoto. Dynamic optimization of neural network structures using probabilistic modeling. In *AAAI*, 2018.

[22] Youhei Akimoto, Shinichi Shirakawa, Nozomu Yoshinari, Kento Uchida, et al. Adaptive stochastic natural gradient method for one-shot neural architecture search. In *ICML*, pp. 171–180, 2019.

[23] Minghao Chen, Houwen Peng, Jianlong Fu, and Haibin Ling. AutoFormer: Searching transformers for visual recognition. In *ICCV*, pp. 12270–12280, 2021.

[24] Minghao Chen, Kan Wu, Bolin Ni, Houwen Peng, et al. Searching the search space of Vision Transformer. In *NeurIPS*, pp. 8714–8726, 2021.

[25] Yi-Lun Liao, Sertac Karaman, and Vivienne Sze. Searching for efficient multi-stage Vision Transformers. *arXiv:2109.00642*, 2021.

[26] Mingyu Ding, Xiaochen Lian, Linjie Yang, Peng Wang, et al. HR-NAS: Searching efficient high-resolution neural architectures with lightweight Transformers. In *CVPR*, pp. 2982–2992, 2021.

[27] Hugo Touvron, Matthieu Cord, Matthijs Douze, Francisco Massa, et al. Training data-efficient image transformers & distillation through attention. In *ICML*, pp.

10347–10357, 2021.

[28] Gabriel Bender, Pieter-Jan Kindermans, Barret Zoph, Vijay Vasudevan, and Quoc Le. Understanding and simplifying one-shot architecture search. In *ICML*, pp. 550–559, 2018.

[29] Chaoyu Guan, Xin Wang, and Wenwu Zhu. AutoAttend: Automated attention representation search. In *ICML*, pp. 3864–3874, 2021.

[30] Jiahui Gao, Hang Xu, Han Shi, Xiaozhe Ren, et al. AutoBERT-Zero: Evolving BERT backbone from scratch. In *AAAI*, pp. 10663–10671, 2022.

[31] Mingxing Tan and Quoc Le. EfficientNet: Rethinking model scaling for convolutional neural networks. In *ICML*, pp. 6105–6114, 2019.

[32] Mingxing Tan, Bo Chen, Ruoming Pang, Vijay Vasudevan, et al. MnasNet: Platform-aware neural architecture search for mobile. In *CVPR*, pp. 2820–2828, 2019.

[33] Andrew G. Howard, Menglong Zhu, Bo Chen, Dmitry Kalenichenko, et al. MobileNets: Efficient convolutional neural networks for mobile vision applications. *arXiv:1704.04861*, 2017.

[34] Mark Sandler, Andrew Howard, Menglong Zhu, Andrey Zhmoginov, and Liang-Chieh Chen. MobileNetV2: Inverted residuals and linear bottlenecks. In *CVPR*, pp. 4510–4520, 2018.

[35] John Schulman, Filip Wolski, Prafulla Dhariwal, Alec Radford, and Oleg Klimov. Proximal policy optimization algorithms. *arXiv:1707.06347*, 2017.

[36] Han Cai, Chuang Gan, Tianzhe Wang, Zhekai Zhang, and Song Han. Once-for-all: Train one network and specialize it for efficient deployment. In *ICLR*, 2020.

[37] Andrew Howard, Mark Sandler, Grace Chu, Liang-Chieh Chen, et al. Searching for MobileNetV3. In *ICCV*, pp. 1314–1324, 2019.

[38] Golnaz Ghiasi, Tsung-Yi Lin, and Quoc V. Le. NAS-FPN: Learning scalable feature pyramid architecture for object detection. In *CVPR*, pp. 7036–7045, 2019.

[39] Chenxi Liu, Liang-Chieh Chen, Florian Schroff, Hartwig Adam, et al. Auto-DeepLab: Hierarchical neural architecture search for semantic image segmentation. In *CVPR*, pp. 82–92, 2019.

[40] David So, Quoc Le, and Chen Liang. The evolved Transformer. In *ICML*, pp. 5877–5886, 2019.

[41] Colin White, Mahmoud Safari, Rhea Sukthanker, Binxin Ru, et al. Neural architecture search: Insights from 1000 papers. *arXiv:2301.08727*, 2023.

[42] Pengzhen Ren, Yun Xiao, Xiaojun Chang, Po-Yao Huang, et al. A comprehensive survey of neural architecture search: Challenges and solutions. *arXiv:2006.02903*, 2020.

[43] Kaicheng Yu, Christian Sciuto, Martin Jaggi, Claudiu Musat, and Mathieu Salzmann. Evaluating the search phase of neural architecture search. *arXiv:1902.08142*, 2019.

[44] Joe Mellor, Jack Turner, Amos Storkey, and Elliot J. Crowley. Neural architecture search without training. In *ICML*, 2021.

[45] Ming Lin, Pichao Wang, Zhenhong Sun, Hesen Chen, et al. Zen-NAS: A zero-shot NAS for high-performance deep image recognition. In *ICCV*, 2021.

[46] Yao Shu, Shaofeng Cai, Zhongxiang Dai, Beng Chin Ooi, et al. NASI: Label- and data-agnostic neural architecture search at initialization. In *ICLR*, 2022.

[47] Qinqin Zhou, Kekai Sheng, Xiawu Zheng, Ke Li, et al. Training-free Transformer architecture search. In *CVPR*, 2022.

[48] Taojiannan Yang, Linjie Yang, Xiaojie Jin, and Chen Chen. Revisiting training-free NAS metrics: An efficient training-based method. In *WACV*, 2023.

[49] Yihe Dong, Jean-Baptiste Cordonnier, and Andreas Loukas. Attention is not all you need: Pure attention loses rank doubly exponentially with depth. In *ICML*, 2021.

[50] Hidenori Tanaka, Daniel Kunin, Daniel L. K. Yamins, and Surya Ganguli. Pruning neural networks without any data by iteratively conserving synaptic flow. In *NeurIPS*, 2020.

[51] Liam Li and Ameet Talwalkar. Random search and reproducibility for neural architecture search. In *UAI*, 2019.

[52] Antoine Yang, Pedro M. Esperança, and Fabio M. Carlucci. NAS evaluation is frustratingly hard. In *ICLR*, 2020.

[53] Zhuang Liu, Hanzi Mao, Chao-Yuan Wu, Christoph Feichtenhofer, Trevor Darrell, and Saining Xie. A ConvNet for the 2020s. In *CVPR*, 2022.

[54] Ze Liu, Yutong Lin, Yue Cao, Han Hu, et al. Swin Transformer: Hierarchical Vision Transformer using shifted windows. In *ICCV*, 2021.

[55] Ashish Vaswani, Noam Shazeer, Niki Parmar, Jakob Uszkoreit, et al. Attention is all you need. In *NeurIPS*, 2017.

[56] David R. So, Wojciech Mańke, Hanxiao Liu, Zihang Dai, Noam Shazeer, and Quoc V. Le. Primer: Searching for efficient Transformers for language modeling. In *NeurIPS*, 2021.

[57] Kartik Chandra, Audrey Xie, Jonathan Ragan-Kelley, and Erik Meijer. Gradient descent: The ultimate optimizer. In *NeurIPS*, 2022.

[58] Yoshua Bengio James Bergstra. Random search for hyper-parameter optimization. *Journal of Machine Learning Research*, Vol. 13, pp. 281–305, 2012.

[59] Frank Hutter, Holger Hoos, and Kevin L. Brown. An efficient approach for assessing hyperparameter importance. In *ICML*, 2014.

[60] Jan N. van Rijn, and Frank Hutter. Hyperparameter importance across datasets. In *SIGKDD*, pp. 2367–2376, 2018.

[61] Il'ya Meerovich Sobol'. On the distribution of points in a cube and the approximate evaluation of integrals. *USSR Computational Mathematics and Mathematical Physics*, Vol. 7, No. 4, pp. 86–112, 1967.

[62] James Bergstra, Rémi Bardenet, Yoshua Bengio, and Balázs Kégl. Algorithms for hyper-parameter optimization. In *NeurIPS*, 2011.

[63] Jasper Snoek, Hugo Larochelle, and Ryan P. Adams. Practical Bayesian optimization of machine learning algorithms. In *NeurIPS*, 2012.

[64] Frank Hutter, Holger H. Hoos, and Kevin Leyton-Brown. Sequential model-based optimization for general algorithm configuration. In *LION*, 2011.

[65] Niranjan Srinivas, Andreas Krause, Sham M. Kakade, and Matthias W. Seeger.

Information-theoretic regret bounds for Gaussian process optimization in the bandit setting. *IEEE Transactions on Information Theory*, Vol. 58, No. 5, pp. 3250–3265, 2012.

[66] Harold J. Kushner. A new method of locating the maximum point of an arbitrary multipeak curve in the presence of noise. *Journal of Fluids Engineering*, Vol. 86, No. 1, pp. 97–106, 1964.

[67] Optuna. https://github.com/optuna/optuna.

[68] Nikolaus Hansen and Andreas Ostermeier. Adapting arbitrary normal mutation distributions in evolution strategies: The covariance matrix adaptation. In *CEC*, 1996.

[69] Nikolaus Hansen and Andreas Ostermeier. Completely derandomized self-adaptation in evolution strategies. *Evolutionary Computation*, Vol. 9, No. 2, pp. 159–195, 2001.

[70] Nikolaus Hansen and Anne Auger. Principled design of continuous stochastic search: From theory to practice. *Theory and Principled Methods for the Design of Metaheuristics*, 2014.

[71] Lisha Li, Kevin Jamieson, Giulia DeSalvo, Afshin Rostamizadeh, and Ameet Talwalkar. Hyperband: A novel bandit-based approach to hyperparameter optimization. *Journal of Machine Learning Research*, Vol. 18, pp. 1–52, 2018.

[72] 佐野正太郎, 秋葉拓哉, 今村秀明, 太田健, 水野尚人, 柳瀬利彦. Optuna によるブラックボックス最適化. オーム社, 2023.

すがぬま まさのり（東北大学）

CV イベントカレンダー

名　称	開催地	開催日程	投稿期限
FIT2023 （情報科学技術フォーラム）[国内] www.ipsj.or.jp/event/fit/fit2023/	大阪公立大学 中百舌鳥キャンパス ＋オンライン	2023/9/6〜9/8	2023/6/16
SICE 2023 （SICE Annual Conference）[国際] sice.jp/siceac/sice2023/	Mie, Japan	2023/9/6〜9/9	2023/5/2
『コンピュータビジョン最前線　Autumn 2023』9/10 発売			
IROS 2023 （IEEE/RSJ International Conference on Intelligent Robots and Systems） [国際] ieee-iros.org	Detroit, USA	2023/10/1〜10/5	2023/3/1
ICCV 2023 （International Conference on Computer Vision）[国際] iccv2023.thecvf.com	Paris, France	2023/10/2〜10/6	2023/3/8
ICIP 2023 （IEEE International Conference on Image Processing）[国際] 2023.ieeeicip.org	Kuala Lumpur, Malaysia	2023/10/8〜10/11	2023/2/24
ISMAR 2023 （IEEE International Symposium on Mixed and Augmented Reality） [国際] ismar23.org	Sydney, Australia ＋Online	2023/10/16〜10/20	2023/3/25
UIST 2023 （ACM Symposium on User Interface Software and Technology）[国際] uist.acm.org/2023/	California, USA	2023/10/29〜11/1	2023/4/5
IBIS2023 （情報論的学習理論ワークショップ） [国内] ibisml.org/ibis2023/	北九州国際会議場 ＋オンライン	2023/10/29〜11/1	未定
ACM MM 2023 （ACM International Conference on Multimedia）[国際] www.acmmm2023.org	Ottawa, Canada	2023/10/29〜11/3	2023/5/4
CoRL 2023 （Conference on Robot Learning） [国際] corl2023.org	Atlanta, USA	2023/11/6〜11/9	2023/6/8
情報処理学会 CVIM 研究会/電子情報通信学会 PRMU 研究会 ［DCC 研究会，CGVI 研究会と連催，11 月度］ [国内] ken.ieice.org/ken/program/index.php?tgid=IPSJ-CVIM	鳥取県立生涯学習センター ＋オンライン	2023/11/16〜11/17	2023/9/6
ACM MM Asia 2023 （ACM Multimedia Asia） [国際] www.mmasia2023.org	Tainan, Taiwan	2023/12/6〜12/8	2023/8/12
ViEW2023 （ビジョン技術の実利用ワークショップ）[国内] view.tc-iaip.org/view/2023/	パシフィコ横浜 ＋オンライン	2023/12/7〜12/8	2023/10/27

名　称	開催地	開催日程	投稿期限
『コンピュータビジョン最前線　Winter 2023』12/10 発売			
NeurIPS 2023（Conference on Neural Information Processing Systems）国際 neurips.cc	New Orleans, LA, USA	2023/12/10〜12/16	2023/5/17
SIGGRAPH Asia（ACM SIGGRAPH Conference and Exhibition on Computer Graphics and Interactive Techniques in Asia）国際 asia.siggraph.org/2023	Sydney, Australia	2023/12/12〜12/15	2023/5/24
WACV 2024（IEEE/CVF Winter Conference on Applications of Computer Vision）国際 wacv2024.thecvf.com	Hawaii, USA	2024/1/3〜1/7	2023/6/28
情報処理学会 CVIM 研究会/電子情報通信学会 PRMU 研究会［電子情報通信学会 MVE 研究会/VR 学会 SIG-MR 研究会と連催，1 月度］国内 ken.ieice.org/ken/program/index.php?tgid=IPSJ-CVIM	未定	2024/1/25〜1/26	2023/11/7
AAAI-24（AAAI Conference on Artificial Intelligence）国際 aaai.org/aaai-conference	Vancouver, Canada	2024/2/20〜2/27	2023/8/15
情報処理学会 CVIM 研究会/電子情報通信学会 PRMU 研究会［IBISML 研究会と連催，3 月度］国内 ken.ieice.org/ken/program/index.php?tgid=IPSJ-CVIM	広島近郊	2024/3/3〜3/4	2024/1/5
DIA2024（動的画像処理実利用化ワークショップ）国内	別府国際コンベンションセンター	2024/3/4〜3/5	未定
電子情報通信学会 2024 年総合大会 国内 www.ieice.org/jpn_r/activities/taikai/general/2024/	広島大学 東広島キャンパス	2024/3/4〜3/8	未定
『コンピュータビジョン最前線　Spring 2024』3/10 発売			
情報処理学会第 86 回全国大会 国内 ipsj.or.jp/event/taikai/86/index.html	神奈川大学横浜キャンパス	2024/3/15〜3/17	未定
3DV 2024（International Conference on 3D Vision）国際 3dvconf.gitnub.io/2024	Davos, Swizerland	2024/3/18〜3/21	2023/8/7
ICASSP 2024（IEEE International Conference on Acoustics, Speech, and Signal Processing）国際 2024.ieeeicassp.org	Seoul, Korea	2024/4/14〜4/19	2023/9/6
AISTATS 2024（International Conference on Artificial Intelligence and Statistics）国際 aistats.org/aistats2024/	Valencia, Spain	2024/5/2〜5/4	2023/10/13
ICLR 2024（International Conference on Learning Representations）国際 iclr.cc	Vienna, Austria	2024/5/7〜5/11	2023/9/28

名　称	開催地	開催日程	投稿期限
CHI 2024（ACM CHI Conference on Human Factors in Computing Systems）国際 chi2024.acm.org/	Honolulu, Hawaii ＋Online	2024/5/11〜5/16	2023/9/14
ICRA 2024（IEEE International Conference on Robotics and Automation）国際 2024.ieee-icra.org/index.html	Yokohama, Japan	2024/5/13〜5/17	2023/9/15
WWW 2024（ACM Web Conference）国際 www2024.thewebconf.org	Singapore	2024/5/13〜5/17	2023/10/12
JSAI2024（人工知能学会全国大会）国内	アクトシティ浜松	2024/5/28〜5/31	未定
ICMR 2024（ACM International Conference on Multimedia Retrieval）国際 icmr2024.org	Phuket, Thailand	2024/6/10〜6/13	2024/2/1
SSII2024（画像センシングシンポジウム）国内	パシフィコ横浜 ＋オンライン	2024/6/12〜6/14	未定
情報処理学会 CVIM 研究会/電子情報通信学会 PRMU 研究会［連催，5 月度］国内	未定	未定	未定
『コンピュータビジョン最前線　Summer 2024』6/10 発売			
NAACL 2024（Annual Conference of the North American Chapter of the Association for Computational Linguistics）国際 2024.naacl.org	Mexico City, Mexico	2024/6/16〜6/21	T. B. D.
CVPR 2024（IEEE/CVF International Conference on Computer Vision and Pattern Recognition）国際 cvpr.thecvf.com/Conferences/2024	Seattle, USA	2024/6/17〜6/21	2023/11/10
ICME 2024（IEEE International Conference on Multimedia and Expo）国際	Niagara Falls, Canada	2024/7/15〜7/19	T. B. D.
SIGGRAPH 2024（Premier Conference and Exhibition on Computer Graphics and Interactive Techniques）国際	Denver, USA	2024/7/28〜8/1	T. B. D.
MIRU2024（画像の認識・理解シンポジウム）国内	熊本城ホール	2024/8/6〜8/9	未定
ICPR 2024（International Conference on Pattern Recognition）国際 icpr2024.org	Kolkata, India	2024/12/1〜12/5	2024/5/1
ACL 2024（Annual Meeting of the Association for Computational Linguistics）国際	T. B. D.	T. B. D.	T. B. D.
RSS 2024（Conference on Robotics: Science and Systems）国際	T. B. D.	T. B. D.	T. B. D.
ICML 2024（International Conference on Machine Learning）国際 icml.cc	T. B. D.	T. B. D.	T. B. D.
ICCP 2024（International Conference on Computational Photography）国際	T. B. D.	T. B. D.	T. B. D.

名　称	開催地	開催日程	投稿期限
KDD 2024（ACM SIGKDD Conference on Knowledge Discovery and Data Mining）国際	T. B. D.	T. B. D.	T. B. D.
IJCAI-24（International Joint Conference on Artificial Intelligence）国際	T. B. D.	T. B. D.	T. B. D.
Interspeech 2024（Interspeech Conference）国際	T. B. D.	T. B. D.	T. B. D.
ECCV 2024（European Conference on Computer Vision）国際	T. B. D.	T. B. D.	T. B. D.
SCI' 24（システム制御情報学会研究発表講演会）国内	未定	未定	未定

2023 年 8 月 7 日現在の情報を記載しています。最新情報は掲載 URL よりご確認ください。また，投稿期限はすべて原稿の提出締切日です。多くの場合，概要や主題の締切は投稿期限の 1 週間程度前に設定されていますのでご注意ください。

Google カレンダーでも本カレンダーを公開しています。ぜひご利用ください。
tinyurl.com/bs98m7nb

訳わかめフューチャー

永井朝文 @nagatomo0506 作／松井勇佑 編

（マンガ寄稿者募集中！　寄稿をご希望の方は東京大学松井勇佑〈matsui@hal.t.u-tokyo.ac.jp〉までご一報ください）

編集後記

本書が皆様のお手元に届くのはICCV2023の開催前後で，きっと膨大な数の採択論文リストから気になる研究をチェックしている頃だと思います。皆様にとって今年のCVPRやICCV，あるいはMIRUで印象に残った研究や全体のトレンドは何でしたでしょうか。この編集後記を書いている7月末時点ではICCV2023のプログラムはまだ公開されていませんが，大規模言語モデルを用いた研究をはじめとして，全体として深層学習がますます盛り上がりを見せていることは間違いないと思います。振り返るとこれまでのコンピュータビジョン分野で，そしておそらく言語や音声など周辺分野も含めて，深層学習ほど長く流行が続き，また幅広く定着した技術は他にないのではという思いがいよいよ強くなってきました。AlexNetが発表されてすでに10年以上が経過し，コンピュータビジョン分野のありとあらゆるものが深層学習によって書き換えられてパフォーマンスが大きく向上しましたが，いまでも文字通り毎日のように新しい情報がarXivなどで発信され続けています。CVPR2023のとある講演では，何から何まで新しくなり，これまでは不可能とされていたことが可能となったときこそ，過去の研究を振り返って当時は不可能であったけれども今ならばできることを考えることに次の研究のヒントがあるかもしれないと述べられていました。いまこそ「こんなことができたらいいな」という素朴な発想が，過去の常識にとらわれずに次々と実現できるタイミングなのだろうと思います。

本書では，人物姿勢や形状の推定，物体検出，超解像，カメラ校正，AutoMLについて，最先端の内容がわかりやすく解説されています。本書が各トピックの最新情報を把握し，新たな研究の着想を得る確かな情報源となることを願って，編集後記としたいと思います。

延原章平（京都大学）

次刊予告（Winter 2023／2023年12月刊行予定）

巻頭言（岡野原大輔）／イマドキノ 一人称ビジョン（八木拓真）／フカヨミ Stable Diffusion with Brain Activity（高木優・西本伸志）／フカヨミ 音響情報のCV応用（柴田優斗）／フカヨミ 潜在空間で画像編集（青嶋雄大・松原崇）／ニュウモン 拡散モデル（石井雅人・早川顕生）／マンガ：タイトル未定

コンピュータビジョン最前線　Autumn 2023

2023年9月10日　初版1刷発行

編　　者　井尻善久・牛久祥孝・片岡裕雄・藤吉弘亘
発 行 者　南條光章
発 行 所　**共立出版株式会社**
　　　　　〒112-0006　東京都文京区小日向4-6-19　電話　03-3947-2511（代表）
　　　　　振替口座　00110-2-57035
　　　　　www.kyoritsu-pub.co.jp

本文制作　㈱グラベルロード
印　　刷　大日本法令印刷
製　　本

検印廃止
NDC 007.13
ISBN 978-4-320-12549-0

一般社団法人
自然科学書協会
会員

Printed in Japan